野蛮人のテーブルマナー

「諜報的生活《インテリジェンス》」の技術

佐藤 優

講談社

まえがき

ようこそ〈ラズベーチク・レストラン〉へ

著者がどんなに面白い内容と思っていても、書いていることの意味が読者に届かなくては意味がない。

書店の講演会で、読者から、

「佐藤さんの書いたものをもっと読みたいのですけれど、ちょっと難しいんです」

とか、

「もう少しやさしく書いてくれませんか」

という意見をときどき聞く。そういう読者の声に応えようと思って、『KING』に連載したのが「野蛮人のテーブルマナー」だった。2007年にこの連載をまとめた『野蛮人のテーブルマナー　ビジネスを勝ち抜く情報戦術』を上梓した。幸い、読者に温かく迎えられた。

残念ながら、『KING』は2008年に休刊してしまった。休刊直後から、「あの連載がなくなってさびしい」とか「続編はいつ本になるのか」という読者の照会をいくつも受けた。いま私が抱えている単行本の刊行計画では、もう少しあとでこの本を出す予定だったのだが、「読者の声は天の声」なので、計画を早めることにした。

インテリジェンス(intelligence)に相当するロシア語はラズベートカ(разве́дка)だ。インテリジェンスが、「行間を読む」、「文字と文字の間の隠された意味を読む」あるいは「組み立ての仕組みを理解する」というような意味であるのに対して、ラズベートカは、「覆いを引っぺがして、隠しているものを見つけ出す」という意味で、スパイ活動を含む実際のインテリジェンス活動の特徴をよくあらわしている。そして、インテリジェンス(ラズベートカ)の技法を身につけた人をロシア語でラズベーチク(разве́дчик)という。インテリジェンスの技法を身につけるとビジネスパーソンでも、学生でも、いまもっている能力を2倍、3倍にすることができる。

第一章で、具体的に以下の4つの分野で実用することができるインテリジェンス技法についてわかりやすく書いた。

1．新聞、書籍などの公開情報を用いて情報力をアップする方法（第1回　佐藤優式インテリジェンス読書術、第2回　公開情報からですら、差はつけられる、第8回　安心

できる裏取りの方法）

2．人脈構築の技法（第3回　信頼されるためのサード・パーティー・ルール、第6回　交渉に役立つ人間行動学、第7回　余計な秘密は知らないほうがいい、第10回　上手なカネの渡し方）

3．危機管理の技法（第4回　つなぎ役［リエゾン］の重要性、第5回　大物になると、常に生命は危険、第9回　憎まれることなく嫌われる技法）

4．窮地からの脱出法（第11回　逃げ出すタイミングの見つけ方、第12回　始めるときに、「終わり」について決めておく）

これらの技法については、理屈だけでなく、私自身の体験に裏づけられたことを書いた。

2008年8月のロシア・グルジア戦争以降、国家間係争を戦争で解決しようとする傾向が強まり、同年9月の米国証券会社リーマン・ブラザーズの破綻以降、世界不況の波が日本にも押し寄せている。

「これからいったい日本と世界はどうなるのだろう」と誰もが不安に思っている。各国がエゴを剥き出しにして、自国の利益を露骨に追求し、状況によっては戦争も辞さない新帝国主義の時代が到来したと私は考えている。こういうときにこそ、インテリジェンスの技法が役に立つ。危機の時代に生き残れるのは、知恵（インテリジェンス）がある者だからだ。

それではこれから読者を、独特のテーブルマナーがある〈ラズベーチク・レストラン〉に御案内したい。

２００８年12月22日

佐藤優（〈ラズベーチク・レストラン〉フロアマネージャー）

目次

第一章

野蛮人のテーブルマナー「諜報的生活《インテリジェンス》」の技術

大物になるということは、常に生命の不安をもつというのと同義である。

第1回　佐藤優式インテリジェンス読書術

消耗戦に負けないインプット法

文筆で糊口《ここう》をしのぐようになってから、様々な文章を綴《つづ》るようになった。２００７年７月は過去最高で、４００字換算で書き下ろし原稿が約９５０枚、対談や座談の原稿処理が約８００枚だった。筆者の限界はだいたいこの辺である。自らの限界を知っておくことは重要で、これからは書き下ろし、対談、座談を含め、１ヵ月１０００枚程度の生産に抑えていこうと考えている。筆者が原稿を引き受ける基準は、テーマと編集者の人柄だ。たとえ1人出版社であろうとも、編集者と波長が合って、筆者が扱うことができるテーマならば喜んで引き受ける。

仕事を引き受けるとき、２つの原則を立てている。

第一は、内容の重複《ちょうふく》（業界用語でいう〝カブリ〟）を避けることである。ときどき「〝カブリ〟でもいいですから、書いてください」という編集者がいるが、そのときは

「あなたがそれでいいと言っても、それは読者に対して失礼です。私の文章が読みたくてカネを払って雑誌を買っても、内容が前に読んだものと同じだったら腹を立てるでしょう。そして、次回から雑誌を買わなくなります。読者が離れていくと仕事がなくなり、最終的に筆者が飢えることになる。だから自分が損をするような〝カブリ〟はやらないのです」と答えている。

第二は、原稿料を基準に仕事を選ばないことだ。右派、左派いずれの理論誌も出版不況の中で苦労しながら、思想の重要性を日本人に伝えるべく努力している。それからインテリジェンス（情報）の専門誌も、レベルの高い真面目な記事を掲載している。こういう雑誌の編集者は、信念と情熱をもって仕事をしている。筆者としてもできるだけの協力をしたい。活字文化の世界は、営利至上主義と馴染まないところをもっている。大出版社でも、筆者と波長の合う編集者はその辺を大切にしている。

筆者自身は右翼・保守陣営に所属していると考える。筆者の理解では、人間の理性を信頼し、合理的な計画で理想的社会を構築できると信じる者が左翼・市民主義陣営をつくっている。これに対して、人間の理性や知恵は、しょせん限界のあるものなので、合理的な計画でつくった社会などろくなものではないと諦め、人知を超えた伝統や文化、さらに神様や仏様を尊重するのが、筆者が理解するところの右翼・保守陣営である。左右両派の媒体に寄稿していることについては、特に批判を受けない。左派の『世界』『週刊金曜日』『情況』に書いた内容を、右派の『正論』『諸君！』『月刊日本』の編集者や読者が積極的に評価してくれることもあるし、その逆のこともある。筆者がいちばん多く受ける批判は、『新潮45』や『アサヒ芸能』、そしてときには我が『ＫＩＮＧ』にセックスや風俗絡みの話を書いたときだ。「国家論や哲学、キリスト教神学などを論じて、論壇でメシを食っているのだから、軟派なことは書くな」というお叱りを読者のみならず先輩作家からも受けるのであるが、「それはちょっと違う」というのが筆者の意見である。確かに筆者がいちばん関心をもっているのは思想だ。思想は人間しかもたない。他の動物は、母猫が幼い仔猫を守る、カルガモのお母さんが雛《ひな》たちを守るといった例外的な場合以外、他者のために命を捨てることをしない。人間は、家族のため、愛する人のため、国家のため、神のためなど、思想的な操作で自分の命を捨てる覚悟ができる。そして、一旦、自らの命を何らかの理念のために捨てる覚悟ができた人間は他者の命を奪うことを躊躇《ちゆうちよ》しなくなる。大量殺戮《さつりく》は常に自らの命を差し出す覚悟ができた人々によって行われるのだ。だから思想の危険性を認識しなくてはならない。

セックスを論じることは思想を論じることにつながる。

戦争が遠い過去の物語になってしまった大多数の日本人にとって、思想による死を意識することは難しくなってしまった。その結果、死の対概念である生についても日本人は意識することが難しくなってしまったのである。セックスは本来、子孫を残そうとする人間の本能に基づくものだ。また、セックスをするときは、糞や小便をするときと同様に人間は無防備になる。この人間が無防備になる瞬間をうまくとらえることができれば、思想を表現できるのではないかと筆者は考えている。前著（『野蛮人のテーブルマナー　ビジネスを勝ち抜く情報戦術』）においてＡＶ（アダルトビデオ）業界を取りあげたのも、実に真面目な関心からである。ＡＶ女優の中で「余人をもって代えがたい」というようなアイドルをつくると「ガン細胞」になり、システムが内部から崩れる危険性があるので、あえてそれをつくらないという経験知がＡＶ業界に存在する。これは他の分野にも応用できる。霞が関官僚の世界では、「自分しかこの仕事はできない」と考える者がなかなか権限を手放そうとしないので、「ガン細胞」と化しているのである。例えば、外務省にはチャイナスクール、ロシアスクールという専門家集団があるが、この人々にしか対中国外交や対ロシア外交は担当できないという先入観があるから、スクール（語学閥）が「ガン細胞」と化して国益を毀損《きそん》しているのだ。ＡＶ業界の実情を編集者の小峯隆生《こみねたかお》氏から聞くうちに、霞が関官僚の問題が筆者には見えてきたのだ。

直接関係しないような出来事間の連関に気づくためには本を読むことである。しかし、読み方にコツがある。ぶどうの搾り汁を樽に入れて、数年寝かさなくてはワインにならないのと同じように、本から得た知識は一定期間を経ないと身につかない。この辺を意識しながら、筆者は独自の読書法をとっている。一日、原則として6時間の読書時間をとる。原稿に追われたり、地方への出張があると6時間を確保することは難しいが、最低3時間は読書時間を確保する。その際、現時点の原稿執筆のために必要な本はあえて読まない。そのような本は原稿を書く中で自然に目に触れることになるからだ。ここでは6ヵ月後くらいに話題になりそうなテーマの本を積極的に集め、読むことにしている。重要な部分をシャープペンで囲み、それをノートに書き写す。あとは、そのまま6ヵ月、どうしても余裕がない場合は3ヵ月、放置する。その期間に知識が発酵して、自分の言葉で本から得た知識を語ることができるようになる。

ＡＶ業界のアイドルをつくらないという形でのシステムの生き残りについては、1年くらい前に読んだ武市健人《たけちたてひと》『ヘーゲル論理学の体系』（岩波書店）、宇野弘蔵《うのこうぞう》『恐慌論』

（岩波書店）がヒントになった。均質な人々からでないと社会が回っていかないという資本主義社会の構造について学者が書物で解説したのと同じ内容を、ＡＶ業界の最前線にいる人々は体感として理解しているのである。こういう解き明かしが、思想を扱う者にとっては面白い仕事なのだ。

現在、筆者は岩波文庫と新潮文庫で、夏目漱石《なつめそうせき》の『三四郎』『それから』『門』を読んでいる。素晴らしいと思う表現についてはノートに書き出している。それから大正14（１９２５）年に新潮社から上梓《じようし》された高畠素之《たかばたけもとゆき》訳の『資本論』を２Ｂの芯が入ったシャープペンを握りしめ、重要部分を囲いながら読んでいる。高畠は、現在ではほとんど忘れられてしまった日本の右翼思想家、国家社会主義者である。右翼思想は、「男のロマン」を重視するために、緻密《ちみつ》な理論構成には弱い。高畠は、右翼思想家の中では例外的にマルクスの言説に通暁《つうぎよう》していた。人間は性悪な存在だから、高畠は社会主義革命によっても理想的社会はできず、国家を強化することで格差問題を解決することを考えた。高畠と漱石をいまのうちに読んでおけば、数ヵ月後に深刻になる新自由主義的改革路線の見直しについて議論するときに役立つ。このようにして発酵させた知識を蓄えておけば、月産１０００枚を維持することは可能と筆者は考えている。

第2回　公開情報からですら、差はつけられる

オシント（文書諜報）とは何か？

軍事情報以外に関しては、インテリジェンス機関が必要とする情報の95～98％を公開情報で入手することができると言われているが、筆者の経験からしても、それは事実である。外務省で、「秘（無期限）」や「極秘」の判子が押されている秘密情報とほぼ同様の情報を公開情報の中から見つけ出すことができる。このようなインテリジェンスの技法を業界用語で「オシント（OSINT）」という。「オシント」とは、「オープン・ソース・インテリジェンス（Open Source Intelligence）」の略語だ。戦前・戦中の日本は「オシント」の分野で最先進国だった。ただし、当時は「オシント」という術語は用いず「文書諜報」と呼んでいた。

旧日本陸軍の情報将校として中国大陸で謀略に従事し、戦後は、インテリジェンスの

経験を組合対策や経営合理化に生かす「兵法経営」を唱道した大橋武夫《おおはしたけお》氏（1906〜1987年）は文書諜報についてこう述べる。

〈諜報工作には文書工作とスパイ活動の二つがある。

新聞、雑誌、ラジオ、テレビ、公刊印刷物などに注意していて、目的に関係あるものを片っぱしから切り抜いたり、書きとめておいて、これを継続的に整理し、総合判断すると、その国の考えなど意外によくわかる。

［新聞には、その国の考えが現れている］

あの男は新聞の切り抜きばかりつくって、三年間すごしたそうだ、とある外国駐在の情報員を笑った人がいる。情報員はもちろん現場の風にあたることを忘れてはならないが、新聞の切り抜きということを一がいに笑いすてることは間違いである。新聞にはその国の実力や考えが書かれている。これを切り抜き、総合し分析すれば、いかに言論統制をやっていても、必ず尻尾がでる。もちろん、内外各種の新聞を継続的に観察することが大切である〉（大橋武夫『謀略——現代に生きる明石工作とゾルゲ事件』時事通信社、1964年、234〜235頁）

大橋氏の言うとおりである。筆者が現役外交官として、外務省国際情報局（現国際情報統括官組織）に勤務していたときは、日本の新聞、雑誌の他に英字紙の『インターナショナル・ヘラルド・トリビューン』、ロシア語紙は『イズベスチヤ』『独立新聞』『赤い星』など約10紙、それ以外に北朝鮮の『労働新聞』と『民主朝鮮』を毎日読んでいた。速読術を活用すれば、この程度の情報ならば、1時間から1時間半で処理できる。そうすると情勢についての基本的な頭作りができる。その上で、各国に駐在する日本の外交官が暗号電報で報告してくる秘密情報や、東京に駐在する各国の情報専門家と意見交換することで、情勢を正確に把握し、近未来の情勢を予測することができるようになる。

日本の現状では、新聞に加え、週刊誌、月刊誌、更にインターネット情報の収集が重要になってくる。膨大な情報の中から、役に立つ情報を選択することは、インテリジェンス業務で調査、分析に2～3年従事した人にならば簡単にできる。新聞や雑誌をめくっていると必要な情報が自然と目につくようになる。術語や人物名が鍵になる。インターネットの場合も同様だ。ちなみに、現在、筆者は、全国紙以外に『北海道新聞』を購読している。『北海道新聞』はサハリンのユジノサハリンスクに支局を設置しているので、北方領土の現状やロシアの極東に関するニュースが詳しく、また全般的にロシアに関する情報量が多いからである。それ以外に、新聞は『インターナショナル・ヘラルド・トリビューン』『イズベスチヤ』『赤い星』、雑誌は国際関係やインテリジェンスに関する記事が頻繁に掲載される『ノーボエ・ブレーミャ（新時代）』（週刊誌）と『哲学の諸問題』（月刊誌）を購読している。『哲学の諸問題』を購読する目的は2つある。第一は、難解な哲学論文に取り組むことでロシア語力を維持したいという思いからだ。第二は、日本の常識ではわかりにくいが、哲学雑誌には政治情勢を理解するために不可欠な論文が掲載されているからだ。ロシアでは、政治学と哲学は隣接していると考えられている。最高学府のモスクワ国立大学でも政治学科は法学部ではなく、哲学部に設置されている。

単独、たった1人でCIAをしのぐ日本人

「オシント」について抽象論は意味をもたないので、具体例に即して説明する。ウェブサイト「ネナラ［朝鮮語で我が国の意］朝鮮民主主義人民共和国」。2007年10月2〜4日、韓国の盧武鉉《ノムヒョン》大統領が北朝鮮を訪問し、3〜4日に金正日《キムジョンイル》国防委員長と南北首脳会談を行った。多くの評論家が予想外の出来事としてこの首脳会談を扱ったが、プ

ロの見立ては異なる。2007年4月末、筆者は、北朝鮮情勢について毎日新聞の鈴木《すずき》琢磨《たくま》編集委員と意見交換をした。その際、鈴木氏は、秋に南北首脳会談が行われる可能性は十分あるとはっきり述べた。鈴木氏は朝鮮語に堪能で、北朝鮮関連の文献を、新聞、雑誌、政治関連文献にとどまらず、小説まで徹底的に読み込んでいる。北朝鮮側の文献に〈鈴木琢磨氏によれば〉という形で引用がなされることもあるほどだ。鈴木氏の『テポドンを抱いた金正日』(文春新書)は、日本人による北朝鮮に関する「オシント」の傑作である。鈴木氏は南北首脳会談が実現すると予測する根拠について、北朝鮮が国家政策を内外に提示する『労働新聞』『朝鮮人民軍』『青年前衛』の三紙共同社説にそれを匂わせる記述があると筆者に説明した。三紙共同社説の冒頭に〈昨年チュチェ95(2006)年は、社会主義強盛大国の黎明《れいめい》が訪れた偉大な勝利の年、激動の年として飾られた〉(引用は、ウェブサイト「ネナラ朝鮮民主主義人民共和国」日本語版より)という表現がある。鈴木氏によると、ここでいう「黎明」とは、北朝鮮が本格的に行動を起こす意図があるときにだけ使う特別な言葉であるという。ちなみに、北朝鮮は元号制を採用しており、金日成《キムイルソン》が生まれた1912年をチュチェ(主体)元年としている。三紙共同社説の終わり近くで、以下の記述がある。

〈南朝鮮での反保守闘争は、民族大団結を実現する要諦であり、社会進歩と統一運動の前進のためのキーポイントである。いま、「ハンナラ党」をはじめとする反動保守勢力は、外部勢力を後盾にして売国的・反民族的企図と再執権の野望を遂げようと狂奔している。社会の自主化と民主化、祖国統一を願う南朝鮮の各階層の人民は、反保守大連合を実現し、今年の「大統領選挙」を機に売国的な親米反動保守勢力を決定的に埋葬する闘争をいっそう力強く展開すべきである。

6・15北南共同宣言（筆者註　2000年6月15日に金大中《キムデジュン》韓国前大統領と金正日国防委員長の間で締結された合意文書）は、朝鮮民族の繁栄の道を開いた希望の旗じしである。北と南、海外のすべての朝鮮民族は、いかなる試練と難関が横たわっても、共同宣言履行のためのたたかいをたえまなくくりひろげ、それを妨害、抹殺しようとする一切の策動を断固粉砕しなければならない〉（同上）

この記述から、北朝鮮の意図を分析すると、2007年12月の韓国大統領選挙をにらんで、北朝鮮は韓国に野党「ハンナラ党」を中心とする保守政権ができることをいかなる対価を払っても阻止することを考えている。「黎明」というくらいの強い決意をもっているのだから、盧武鉉大統領を支援し、南北が統一に向けて動き出す雰囲気を醸成するために北朝鮮は南北首脳会談を視野に入れている。大統領選挙への効果を考えると秋に首脳会談を行う必要があるというのが鈴木氏の分析だった。

北朝鮮の内在的論理に通暁している鈴木氏のような人物は、単独でＣＩＡ（米中央情報局）をしのぐ分析ができるのである。ここに「オシント」の凄みがある。

第3回　信頼されるためのサード・パーティー・ルール

オシント（文書諜報）の次はコリント（協力諜報）

一般には、「コリント」というインテリジェンスの業界用語がある。ギリシャの観光名所のコリントではない。「コレクティブ・インテリジェンス（Collective Intelligence）」の略語で、通常、協力諜報と訳される。

最近、プーチン大統領の下で、ロシアがだいぶ強硬な外交政策をとるようになったために、米露間で「新冷戦」が起きているという論調をときどき目にする。こういうことを真面目に主張している人は、インテリジェンスの裏世界がどうなっているかを知らない素人さんだ。東西冷戦で、アメリカとソ連が激しく対立している時代にもCIA（米中央情報局）とKGB（ソ連国家保安委員会）の裏接触はあった。こういう裏のパイプは、スパイの追放合戦をしているとき、どの辺で喧嘩をやめるかについて打ち合わせたり、アメリカが捕らえているソ連のスパイを釈放する代わりに、ソ連からイスラエルにユダヤ人の出国を何人認めるかという取引に使われた。ブッシュ米大統領に強い影響を与えたイスラエルのナタン・シャランスキー氏も、このような裏のパイプを使って、ソ連の監獄から釈放された過去がある。しかし、東西冷戦期に、ＣＩＡとＫＧＢが協力して工作を行うことはなかった。

現在では、状況が完全に変化している。ＫＧＢは国内を担当するＦＳＢ（露連邦保安庁）と国外を担当するＳＶＲ（露対外諜報庁）に分割された。ＣＩＡとＳＶＲは、お互いに足を引き合う競争を行っているが、同時に対国際テロリズムでは、本格的なコリントを行っている。一般には知られていないが、チェチェンの分離独立派とアルカイダの間には連携が存在している。

19世紀の半ばに帝政ロシアはチェチェンを制圧した。このときロシアによる支配を嫌い、オスマン（トルコ）帝国に亡命したチェチェン人が多数いる。正確な統計はないが、１００万人程度のチェチェン人がアラブ諸国に、１５０万人程度がトルコに住んでいると見られている。１９９１年にソ連が崩壊した時点で、チェチェン本国のチェチェン人が約80万人程度だったことを考えると、いかに中東におけるチェチェン人が大きな勢力をもっているかがわかる。

この人々の末裔《まつえい》が、アラブ諸国の空軍、秘密警察などに数多く勤務している。特にヨルダンでは、秘密警察と国王親衛隊に多くのチェチェン人がいる。中東のチェチェン人は、チェチェン人であるという意識とムスリム（イスラーム教徒）であるという意識を強くもっているが、政権の要職に就いている人以外は、ヨルダン国民であるとかサウジアラビア国民であるという国民意識をほとんどもっていない。もともと移民であるので、生活環境がよくなるならば、アラビア語が通じ、生活習慣が似ている他の中東諸国に移住することに対する抵抗感は薄い。

同時にもともと同じ部族に属し、ムスリムであるロシアのチェチェン人が異教徒（キリスト教徒）であるロシア人の圧迫を受けているというニュースを聞くと、中東のチェチェン人は「何とかしなくては」と血が騒ぐのである。これにアルカイダが梃子《てこ》入れをした。筆者がモスクワにいた1994年に第一次チェチェン戦争が始まった。中東から流入した野戦兵とロシア軍が熾烈《しれつ》な戦闘を展開した。このときチェチェン情勢に関して、もっとも深く、正確な情報をもっていたのがモスクワのヨルダン大使館だった。

当時、モスクワの在留日本人は約1500名だった。これに対して、ヨルダン人は5

000名もいた。そのほとんどがチェチェン系で、マフィア・ビジネスに関与したり、チェチェン独立派に梃子入れしていたので、ロシア当局によって逮捕されたり、国外追放にされた。しかし、これらのチェチェン人はヨルダンのパスポートをもったヨルダン国民でもある。つまり、モスクワのヨルダン大使館の領事は自国民保護という観点で、チェチェン人を保護する義務がある。従って、ヨルダン国籍をもったチェチェン人が逮捕されたり、裁判にかけられたときの自国民保護活動を続けるうちにチェチェン情勢について、とても詳しくなるのだ。

ソ連の中東政策は、リビアやシリアなどの共和制国家を重視していたので、ヨルダンのような王国との関係はよくなかった。他方、アメリカは、伝統的にヨルダンとは関係が深く、情報ももっている。従って、チェチェン情勢ばかりかヨルダンやパレスチナのイスラム原理主義団体の動向について、CIAは質の高い情報をヨルダンの秘密警察から提供されている。こういう情報の一部が、SVRに対しても流されていると筆者は見ている。

CIAがこういう情報を第一次情報の提供者（この場合はヨルダンの秘密警察）に黙ってSVRに流すことはない。かならず、事前にヨルダンの了承をとってから、流すのである。

「相手からもらった情報を、第三国に渡す場合は、事前に相手の了承を得る」というのが「サード・パーティー・ルール（第三者に対する原則）」で、インテリジェンスの世界における重要な掟である。この掟を守れば、情報の質も量も圧倒的に高まる。こうして東京の高級ホテルのレストランを舞台に、おいしい食事にワインのグラスを傾けながら、毎晩、コリントが展開されているのだ。

人目を避けるために、わざわざ外国に出て、コリントを行うこともある。筆者もユダヤ系ロシア人にコリントの場所としてチェコのプラハ郊外の城を指定され、東京からハンブルク経由でわざわざ出かけていったこともある。

"ここだけの話"に潜むデメリット

コリントの手法をビジネスに生かすと、信頼を確保しつつ、情報がたくさん入ってくるようになる。日本人は、他人から聞いた情報を「ここだけの話だけど」と言って、情報源の了承を得ずに横流しすることが多い。もっともそのおかげで、筆者のところにも

「上月豊久《こうづきとよひさ》外務省官房総務課長（現ロシア大使館公使）が佐藤さんを罵《ののし》っていた」などという具体的な話や、「西田恒夫《にしだつねお》外務審議官（当時、現カナダ大使）が酩酊し、醜態をさらしたうえで5万円を超える支払いをつけ回した」などという具体的な話やメモが手に入る。そういう情報を提供する新聞記者は、当然、筆者の動向も「ここだけの話だ」と言って、上月氏や西田氏に提供していると筆者は想定するので、深いところでは、絶対にこういった輩《やから》を信用しない。

逆にクレムリンの動向について筆者が詳しい分析をすると、その後で、「この話をロシアの××研究所の所長にぶつけてみていいですか」と事前に聞いてくる記者がいる。だいたいの場合、筆者は、「最初、僕の分析の内容だけを話して、向こうが『誰がそう言っているのか』と聞いてきたら、僕の名前を出してもいいよ」と答えることにしている。このタイプの新聞記者は、情報の横流しをしないので、信頼できる。

民間の企画でも、途中で潰れてしまうものは多い。そのような企画について、別のパートナーと少し切り口を変えるだけで成功することもある。そこで成功すると、最初、計画が潰れてしまった取引相手から「よくもうちの企画を使ったな」と恨まれたり、妬まれたりすることがある。こういう事例が積み重なると仕事がやりにくくなる。それを避けるために「サード・パーティー・ルール」を遵守し、「あの潰れた企画なんだけど、別の取引先と試してみたいんで、事前にあなたの了承を得ておきたい」と一言声をかけるだけで、中長期的にあなたは「信義則を守る人だ」という高い評価を得ることになるだろう。

第4回　つなぎ役（リエゾン）の重要性

陰の重要人物リエゾンとは？

インテリジェンスの世界には、「リエゾン（liaison）」という特殊な仕事がある。リエゾンとはフランス語で「つなぎ」を意味する。利害が競合したり、対立する組織の間の「つなぎ役」になる人のことだ。英語でもロシア語でも、リエゾンと言えば、意味が通じる。

例えば、モスクワで、CIA（米中央情報局）によるスパイ事件が発覚したとする。そうなるとモスクワのアメリカ大使館に参事官か一等書記官くらいのポストで擬装しているCIAのリエゾン・オフィサーが出てくる。大使館では、偉い順に大使、公使、参事官、一等書記官、二等書記官、三等書記官、外交官補《かんぽ》となっている。実際は、リエゾン・オフィサーは、大使と同じくらいの力をもっていることが多いが、あえて低い肩書なのは、深刻なスパイ事件が発生したときに、表面上は「参事官や書記官クラスのトラブルだ」という形で処理し、本格的な外交紛争に拡大することを避けるための知恵である。

例えば、モスクワでスパイ活動に従事していたアメリカ人外交官の一等書記官2人が「ペルソナ・ノン・グラータ（好ましくない人物）」に指定され、国外退去を求められたとする。そうすると、アメリカ政府は、そう日を置かずに、ワシントンのロシア大使館で一等書記官2名を「ペルソナ・ノン・グラータ」に指定して、国外追放にするのだ。インテリジェンスの世界では、「やられたらやり返せ」という原則が適用される。

筆者が具体的に見聞した事例について紹介しよう。筆者は、イギリス陸軍の語学学校でロシア語を勉強したが、イギリスは、モスクワ派遣要員として、赴任が予定される4〜5年前から、毎年、十数名のロシア語に堪能な駐在武官（ミリタリー・アタッシェ）を養成していた。実際にモスクワに勤務するイギリスの駐在武官は6〜7名である。しかし、本格的なスパイの追放合戦が始まると、駐在武官が次々と5〜6名追放されることがある。1980年代末のことだが、筆者の同級生だった海軍大佐も、赴任後、わずか3ヵ月で「ペルソナ・ノン・グラータ」に指定され、72時間以内にソ連国外に退去することを求められた。しかし、予備要員がいくらでもいるので、イギリス政府は次々と有能な駐在武官をモスクワに送り込んできた。

もちろん人材は無尽蔵ではない。このようなゲームを繰り返していると、ロシアもイギリスも消耗する。そこで、今回は何人追放するとか、あるいは、相手がどうしても追放してもらったら困る人物については、リストから外すというような調整もする。奥の手で、数年前にモスクワ勤務を終えて帰国し、二度とロシアに来る可能性のない人物を「ペルソナ・ノン・グラータ」に指定して、とりあえず数合わせだけをすることもある。

あるいは、もう少し、込み入ったことにリエゾンが従事することもある。以下の記述は筆者の創作で、事実ではない（ということになっている）。

モスクワで日本大使館の二等書記官がロシア娘と恋仲になった。この二等書記官は30歳少し前のキャリア職員だ。大使館にばれないように市内にマンションを借りて、ロシア娘と半同棲生活をしている。この娘の父親は、軍産複合体の研究所に勤めていて、ミサイル開発に従事している。二等書記官は、娘にだいぶカネを貢いでいる。軍産複合体の研究員でも給与は決してよくない。従って、娘の恋人からのカネは家計の助けにもなっている。この二等書記官は、文科系の教育しか受けておらず、軍事に関する専門知識をもっているわけでもない。従って、重要情報をロシア娘の父親からとることはできない。また、ロシア娘の父親も、規律は重視するので、外国人に情報を売り渡すようなことはしない。

しかし、スパイ摘発を担当するカウンター・インテリジェンス（防諜）機関は、常に性悪説の原理で考える。違法行為を行っても逮捕されることのない外交特権をもつ日本の外交官が、軍事秘密に接触する研究者の娘と恋仲になっているという情報を得れば、FSB（露連邦保安庁）の専門家は、外国のスパイがセックスとカネで秘密情報をとろうとしていると考える。そして、厳重な監視体制を敷く。スパイ活動を行っている決定的証拠を押さえようとするが、うまくいかない。

こういう状況で、FSBのリエゾンが日本大使館と接触を求めることがある。そして、「あなたの大使館の二等書記官はロシア娘と半同棲生活をしている」と言って、具体的に二人が「愛の巣」に宿泊した日付を正確に伝える。そのうえで、「残念ながら、この娘の家族には国家機密に触れる者がいる。いまのままの関係を続けていると、二等書記官が面倒なことに巻き込まれるかもしれない」と伝える。

FSBが伝えたいのは、「二等書記官がロシア娘と縁を切らないとスパイ事件を作り上げることになる。ただし、作り上げても、実体を伴わない事件なので、できることならば穏便に済ましたい。二等書記官を説得して、ロシア娘と別れさせるか、あるいは異動させてロシアの外に出してほしい」というメッセージなのだが、ストレートなお願いはしない。なぜなら、明示的にお願いをすると、それは「借り」になるからだ。リエゾンという職業に就いたことがある者は、他人に「貸し」を作ることは好きだが、「借り」を作ることを極力避けようとする文化がある。そこで、このような婉曲《えんきょく》な言い方をして、相手に忖度《そんたく》させるのである。

こういう場合、リエゾンは絶対に嘘をつかないし、無駄なことは言わない。従って、リエゾンからこのようなシグナルがあった場合には、二等書記官をできるだけ早く異動させてロシア国外に出すことが最良の策である。

日本では、リエゾンの重要性は、なかなか理解されないが、最近、元東京地方検察庁特別捜査部検事だった田中森一《たなかもりかず》氏と話をしているときに、リエゾンの感覚が甦《よみが》ってきた。田中氏が、あるインサイダー取引を摘発するにあたって、総会屋と取引をした話を筆者に披露した。3000万円までの取引をした者は、捜査に協力すれば、起訴猶予にする。起訴猶予とは、犯罪の事実はあるのだが、本人も反省し、公益に与えた被害もそれほど大きくないので、お目こぼしにするということだ。検察官は、起訴便宜主義と言って、誰を犯罪者として起訴するか、不起訴にするか、あるいは起訴猶予にするかの裁量をもっている。この辺の裁量を上手に使って裏社会との「つなぎ役」を見事にこなしたのが田中氏である。

外交官の仕事を長くしていると、世の中には運、不運があるのだという気持ちを強くもつようになる。スパイの追放合戦にしても、時の政府が相手国との関係を緊張させてもよいと考えていると、それこそ事実無根のこじつけで、追放されることもある。観光名所で、ロシア人に頼まれて写真を撮ったら、スパイ活動の現行犯として、外交特権を無視して取り押さえられ、国外退去を命じられた防衛駐在官（駐在武官）もいる。同じ時期に、自動車やラジカセを外交官の免税特権を利用して大量に購入し、そのカネで、連日いかがわしい飲み屋に出入りして、酒池肉林のような生活をしていても、全くお咎《とが》めなしだった外交官もいる。

リエゾンを本格的に導入すると、運、不運の差が縮まることは確かだ。東西冷戦後、誤解による外交関係の悪化を防ぐため、裏で相手の真意を探る「つなぎ役」の必要性は飛躍的に高まっている。

第5回　大物になると、常に生命は危険

5億円ぐらいから、漂う死の匂い

今回は、大物について、考えてみたい。

ソ連崩壊後のロシアが生んだ大物の一人が、オリガルヒヤ（寡占《かせん》資本家）のボリス・ベレゾフスキーだ。

カネがあるところに権力の実体があるということは、普遍的真理である。旧ソ連時代、工場、商店、企業などは、すべて国有財産だった。ソ連崩壊後、これらはすべて資本主義化されることになった。この過程は、「民営化」と呼ばれたが、実態は国有財産の分捕り合戦だった。ちょっと度胸があって、機転がきく奴ならば、10億円くらいの国有財産を自分のものとするのは、お手の物だった。

もっともこれには、相当のリスクが伴う。5億円くらいの利権抗争があれば、かなら

ず人が死ぬ。国有財産の分捕り合戦の実行部隊はマフィアが務める。特にレスリング、柔道、重量挙げなどで鍛えたマッチョな連中が集まった「スポーツ組」は老舗マフィアだった。エリツィン前大統領の時代、マフィアでありながら公職に就いている者が結構いた。スポーツ観光国家委員会という、日本では省にあたる役所があったが、そこの副議長（次官）は、「スポーツ組」の組長でもあった。1994年5月のことだ。筆者は、この次官兼組長の招待で、ロシア大統領総務局が経営する「プレジデント・ホテル」の宴会場に行った。スリムなレースクイーンやモデルがウオトカやシャンペンをサーブしている。筆者は、次官兼組長に気に入られていたので、同じテーブルに呼ばれた。同じテーブルには、銀行頭取、ダゲスタン（カスピ海西岸のイスラーム系共和国）の民族指導者、さらにスポーツ観光国家委員会の高官がいた。スポーツ観光国家委員会の高官といっても実体はマフィア組織の幹部である。

ダゲスタンの民族指導者が、コーカサスの山岳民族と日本のサムライには共通性があるというような話をするので、筆者が武士道について説明していると、次官兼組長が話に入ってきた。

「ロシア人も昔は名誉を大切にした。しかし、現在は変わってきたな」と、膝の上にレースクイーンを乗せた次官兼組長が言う。

「どう変わってきたんですか」と筆者が尋ねた。

次官兼組長が、テーブルに同席している部下に、「おい、お前たち、世の中でいちばん大切な価値は何か」と尋ねた。

「命です」と部下たちが答えた。

「このぼんくら。お前たちの命よりもカネのほうがずっと大切だ」と次官兼組長は凄みのある声で言った。そして、「それじゃ、もう一度言ってみろ。世の中でいちばん大切な価値は何か」と続けた。

部下は、今度は、「カネです」と答えた。そうすると次官兼組長は、笑いながら、「このぼんくらども、まだわかっていないな。いちばん大切なのは、組長である俺の命だ。その次に大切なのがカネだ。後の順序は、お前たちが好きなように決めればよい」と答えた。

スポーツ観光国家委員会は、スポーツ振興資金を調達するために、免税でアルコール飲料とタバコを輸入する許可をもっていた。それで稼いだ原資を基に、適宜、組員による地上げを行いながら、不動産所有を拡大していった。そのトラブルに巻き込まれ、この次官兼組長は、カラシニコフ銃で蜂の巣にされてしまった。このときに、ジュラブリョフ「モスクワ建設銀行」頭取から、「ロシアでは500万ドル（約5億円）の利権抗争につき1人、死者が出る」と言われ、その視点で見ると確かに500万ドルを超える民営化利権があるときは、人が死んだり、脱税や汚職で逮捕されるような事故や事件が発生した。ジュラブリョフ頭取も、それからしばらくして、自宅前の通りでカラシニコフ銃によって蜂の巣にされてしまった。

モスクワ日本大使館の、大物とのお仕事とは？

これらの戦国時代のような抗争を経て、1995年頃には8人のオリガルヒヤに巨万の富が集まるようになった。各々のオリガルヒヤは、民間警備会社の衣をまとった私兵集団をもっていた。そして、お互いに恐怖と腐敗の均衡を維持していた。2001年まで、この8人の内、最有力者4名と日本外務省とモスクワの日本大使館は、良好な人脈を維持していた。筆者は、スモレンスキー「SBS・アグロバンク」頭取とホドルコフスキー「ユコス」会長と親しくし、東郷和彦《とうごうかずひこ》公使（在露日本大使館公使、欧亜局長などを歴任）がベレゾフスキー「ロゴバス」総裁、グシンスキー「メディア・モスト」総裁と付き合っていた。この内、オリガルヒヤとして、現在も無事なのは、スモレンスキーだけで、ベレゾフスキーはイギリスに亡命、グシンスキーはイスラエルに亡命、ホドルコフスキーはシベリアの刑務所で服役中である。４人ともユダヤ人だ。

筆者は、１度だけ、１９９８年夏に東郷氏に連れられてモスクワにあったベレゾフスキーの事務所兼豪邸を訪れたことがある。モスクワ南部のパブレツキー駅の向かい側で、外から見たところ、貧弱な公民館のような入り口だが、内部は徹底的に改装された豪邸だった。外部を貧弱にしておくのは、一般の人々から嫉妬されないようにするためだ。中にはいると１００平方メートルくらいの待合室がある。フローリングの部屋に、中央アジアの高級な絨毯が何枚も敷かれている。部屋の隅にバーがあり、バーテンとメイドが飲み物とつまみをサーブしてくれる。待合室には、顔見知りの大統領府高官、国会議員もいた。ベレゾフスキーに陳情するためである。当時、ベレゾフスキーは、ＣＩＳ（独立国家共同体）執行書記という役職に就いていたが、クレムリンの執務室で勤務することはなく、ベレゾフスキーが所有する企業グループの本部であるこの施設に人々を呼びつけていた。大統領府高官や閣僚人事についてベレゾフスキーの承認を得ることが公然の秘密となっていた。

２０００年３月の大統領選挙でベレゾフスキーはプーチンを積極的に支持し、多大な政治資金を投入した。しかし、プーチンは、オリガルヒヤの政治介入を排除する政策を本格的に推し進めた。旧KGB（ソ連国家保安委員会）の中堅職員（退職時は中佐）のプーチンにオリガルヒヤと闘う力はないとベレゾフスキーは考えた。しかし、それは大いなる誤算だった。プーチンは、ベレゾフスキーの盟友で石油王になったロマン・アブラモビッチ「シブネフチ」会長に、「俺を選ぶか、ベレゾフスキーを選ぶか」と踏み絵を踏ませた。アブラモビッチはプーチンを選んだ。その後、圧力が強まり、逮捕の危険性が出てきたので２００２年にベレゾフスキーはイギリスに亡命する。イギリス当局の庇護を受けながら、ベレゾフスキーは、チェチェン・カードを使ってプーチン政権に対する揺さぶりを強めている。プーチン政権としては、ベレゾフスキーを始末してしまいたいと考えているはずだ。しかし、ベレゾフスキーもそれに備えた措置はとっているはずだ。ベレゾフスキーは、「知りすぎた男」である。ベレゾフスキーが死ぬようなことになれば、プーチン政権にとって都合のよくない書類があちこちから出てくる「時限爆弾」が仕掛けられている。従って、プーチンもしくはその息がかかった者が政権を握っている間は、ベレゾフスキーはロンドンで枕を高くして眠ることができる。しかし、ベレゾフスキーに秘密を握られていない「誰か」が突然、国民の人気を得て大統領になるようになると、ベレゾフスキーの身の安全は保障されなくなるのである。

ロシア的基準では、大物になるということは、常に生命の不安をもつというのと同義である。

第6回　交渉に役立つ人間行動学

我が恩師エフライム・ハレヴィ

インテリジェンスの世界には、職人芸の要素がある。マニュアルで対応できない事項が50%を超える。そういうときに役に立つのは、その道のプロのノウハウだ。現役外交官時代、筆者は仕事の関係で、複数の国のインテリジェンスの第一人者と知己を得た。その中でいちばん影響を受けたのが、エフライム・ハレヴィ前モサド（イスラエル諜報特務局）長官だ。なぜかハレヴィ氏は、筆者をとても可愛がってくれ、インテリジェンスの世界の様々な掟を教えてくれた。2002年に筆者が鈴木宗男《すずきむねお》疑惑に関連して逮捕された後も、ハレヴィ氏を含むイスラエルの友人たちは、筆者との友情を反故《ほご》にしなかった。このときの経験を通じ、筆者は、ユダヤ人はひとたび友人になれば、どのようなことがあっても見捨てることはしないということを皮膚感覚で理解した。ハレヴィ氏は筆者にとって、インテリジェンスと人間の生き方の双方についての恩師である。

20世紀末、モサドは危機的状況に追い込まれた。1997年9月、EU（欧州連合）駐在のイスラエル大使を務めていたハレヴィ氏は、ネタニエフ首相の軍事担当秘書官から、「至急帰国せよ」との命令を受ける。

〈そのとき、どうして呼びもどされるのか、ふと思いあたった。ヨルダンの首都アンマンに派遣されていたモサドの工作チームが、ハマス（筆者註　イスラーム原理主義過激派。イスラエル国家を破壊する目的で自爆テロを行っている）の有力指導者ハレド・メシャルの排除に失敗していたのだ。チームのメンバー六名はヨルダンから出国できずに立ち往生していた。二名についてはヨルダン当局に逮捕されたことまではわかっていた。あとの四名は作戦が失敗したあと、アンマンのイスラエル大使館に逃げ込んで、かくまわれていた。

モサド長官は事態収拾のため急遽ヨルダンへ飛び、国王との面会を求めた。ごく短時間の面会が許されたが、六名の男女をどうするかについて、いかなる譲歩も引きだすことはできなかった〉（エフライム・ハレヴィ『モサド前長官の証言「暗闇に身をおいて」──中東現代史を変えた驚愕のインテリジェンス戦争』光文社、２００７年、２６３

頁）

なぜ、ハレヴィ氏が呼びもどされたのであろうか。それは、ハレヴィ氏がヨルダンのフセイン国王と個人的に強い信頼関係をもっていたからだ。１９９４年、イスラエルはヨルダンと平和条約を結んだ。実は、この条約が締結できるかは、最後の瞬間まで不透明だった。最後は、当時モサドの副長官だったハレヴィ氏が、フセイン国王をトイレに追いかけていき、数分間、文字どおり２人だけでトイレに籠《こも》ってまとめあげた条約である。ハレヴィ夫妻が訪日したときに、京都のホテルのバーで夜遅く、外交交渉術に関する話をすると、ハレヴィ氏が筆者にこう言った。

「佐藤さん、交渉においては動物行動学（エソロジー）の知識も役に立つ」

「動物行動学ですか。具体的にどういう場面で役に立つのですか」

「動物は、警戒する相手と、一緒に餌を食べることを警戒する。裏返すと、安心できる相手とならば一緒に餌を食べる。意見交換をするときも、極力、会食の機会を増やすことだ。食事でなければ、コーヒーや紅茶に、ちょっとケーキやドライフルーツを一緒に食べるだけでもいい。信頼感がずっと深まる」

「それで、エフライムは、僕がテルアビブに行くと、食事時でなくてもパンとチーズやフルーツで歓待してくれるんですね」

「そうだよ。一緒に食事をしながら話をするということはとても重要だ。私たちの仕事は、敵の中に友人を作ることだ。そして、敵と取り引きしなくてはならない。そのときも動物行動学の知識が役に立つ」

「どういうことですか」

「動物は、敵の前では排泄をしない。案外、気づかないことだが、実はトイレでの交渉で、難しい問題が解決することが、結構ある。ヨルダンとの平和条約も、最後は私とフセイン国王の2人でトイレの中で決めた」

ゲームのルールに組み込み済みの「暗殺」

平和条約を締結すると、ヨルダン国内のイスラーム原理主義過激派が国王の暗殺を試みる危険性があった。フセイン国王の側近の中には、最終段階で、イスラエルとの平和条約交渉を中止すべきであると意見を具申する者もあった。フセイン国王は、トイレの中でハレヴィ氏に「君は状況をどう見ているか」と率直に尋ねた。ハレヴィ氏は、「確かにリスクはあります」と暗殺の危険を率直に認めた。そのうえで、「陛下はヨルダンの指導者として、最善を尽くされました。このタイミングを逃すとイスラエルとの和平は実現できません。陛下が歴史を作るのです」と続けた。そこで、フセイン国王は決意を固めたのである。ハレヴィ氏は、イスラエルとヨルダンが戦争状態にある時期から、密かにヨルダンの秘密情報部と接触し、人脈を作り、いつしかフセイン国王から最も信頼される友人になっていたのである。フセイン国王とハレヴィ氏の関係は、インテリジェンスの世界において伝説となっていた。

イスラエルは、世界の中でも特殊な行動をとる国家である。第二次世界大戦中、ユダヤ人は自らの国家をもたなかったがために、600万人が虐殺された。その反省の結果、1948年に創設されたイスラエル国家は、イスラエル国民（その中にはアラブ系もいる）のみならず、全世界のユダヤ人を擁護することを任務としている。従って、ユダヤ人を擁護する必要に迫られたときは、他国の国家主権をイスラエルは平気で侵犯する。「世界中で同情されながら死に絶えるよりも、全世界を敵に回してでも生き残る」というのがイスラエル人のコンセンサスなのである。その任務を最前線で担うのがモサドだ。従って、イスラエル国家とユダヤ人に対する脅威が存在するとき、モサド機関員は、地球の果てにまで出かけて、任務を遂行することになる。ハレヴィ氏は平壌《ピョンヤン》にまで乗り込んで、北朝鮮による弾道ミサイル開発を阻止しようとしたこともある。この辺のノウハウから日本が学ぶべきことがたくさんある。

さて、メシャル暗殺計画に話をもどす。モサドは、ハマスのテロ活動を阻止するためにメシャルを毒殺することにした。日本人の感覚からすると残虐であるが、中東のインテリジェンスの常識においては、暗殺はよくあることだ。暗殺が外交の「ゲームのルール」に組み込まれているのである。メシャルはヨルダン国籍をもっている。フセイン国王は、メシャルをはじめとするハマスの活動を苦々しく思っている。本音を言えば、ヨルダン政府は、イスラエルと手を握って、ハマスの活動を封じ込めることを望んでいる。しかし、自国民に対し、イスラエルの政府機関が暗殺未遂事件を引き起こしたことを看過するわけにはいかない。ヨルダンがイスラエルとの平和条約を破棄し、国交が断絶する危機が生じた。

そこで、ハレヴィ氏は、大胆な提案をする。イスラエルの刑務所に厳重な監視下で収容されているハマスの創始者で、宗教的指導者であるアフメド・ヤシン師をヨルダンに引き渡すことだ。そうすれば、フセイン国王の面子が維持される。そのかわり、ヤシン師は、パレスチナに帰還し、本格的なテロ攻撃をイスラエルに加えるようになるだろう。

モサドは、ネタニエフ首相の了承を得て、この案をヨルダンに秘密裏に打診した。ヨルダンは受け入れた。アメリカもイスラエルの秘密提案を了承した。ただ、この交渉を実現できるのはハレヴィ氏しかいない。そこでハレヴィ氏は、モサドの現役を退いていたにもかかわらず、アンマンに向かうことになった。

第7回　余計な秘密は知らないほうがいい

何でも知っていることがプロではない

　1997年9月、「敵地」であるアンマン（ヨルダンの首都）にハレヴィ氏は単身で乗り込んだ。モサドの工作員による暗殺失敗の事後処理をするためだが、このときハレヴィ氏は実に奇妙な行動をとった。モサドの職員が、イスラーム過激派ハマスの指導者メシャルの暗殺について説明しようとしても、ハレヴィ氏は「その必要はない」と言って、説明を聞かなかった。

〈彼らはまず、今回の作戦に関して、状況説明を始めようとした。だが私が状況説明はしないでくれといったものだから、みんな相当面食らっていた。私はかつての仕事仲間たちに、今回の作戦については知らなければ知らないほど都合がよいのだ、と説明した。ヨルダンの友人に会って交渉するときに、何があったかについて、細かいことはなるべく知らないほうがよかった。私はもはやモサドのメンバーではない。交渉を成功させるには、私が今回の作戦にはまったく関与していないことを、とにかく相手に確信させなければならないのだ〉（エフライム・ハレヴィ『モサド前長官の証言「暗闇に身をおいて」――中東現代史を変えた驚愕のインテリジェンス戦争』光文社、2007年、266頁）

ここにはインテリジェンスのプロとしての深い知恵がある。インテリジェンスの世界では、何でも知っているのがプロということではない。余計な秘密を知ってしまい、「関係者」になると、面倒に巻き込まれることになる。会社でも、派閥抗争に深入りして、会社幹部のスキャンダル情報などを知ってしまうと、それが週刊誌や業界紙に漏れたときに「あいつがやったのではないか」という余計な疑惑がかかる。

プロのスパイの世界では、「情報を絶対に漏らすな」というような教育はしない。現代の尋問技術（そこには薬物使用や拷問も含まれる）をもってするならば、尋問にあたるカウンター・インテリジェンス（防諜）機関は、知りたいと思う情報をすべて引きだすことができる。しかし、尋問対象者が知らない秘密情報を漏らすことはできない。

モサドの偽装については定評がある。ハレヴィ氏がＥＵ（欧州連合）駐在のイスラエル大使になっていても、ヨルダン側は、実際にはモサドの高官であるという疑いの眼で見るというのが実情だ。それを織り込んだうえで、ハレヴィ氏は、「メシャル暗殺工作について、実際に私が何も知らないということになれば、ヨルダンのフセイン国王は、私が善意の代理人であることを理解する」と計算したのだ。結局、この戦術がうまくいき、フセイン国王は、イスラエルがハマスの創始者ヤシン師をイスラエルの刑務所から釈放して、ヨルダンに引き渡す代わりに、ヨルダン当局によって拘束されているモサドの工作員が釈放されるという取引が成立した。ヤシン師はパレスチナに渡り、反イスラエル闘争の中心的存在になり、自爆テロを推進した。２００4年3月22日、イスラエル保安局と空軍は、ガザで車椅子に乗って移動中のヤシン師をミサイルで殺害した。

ハレヴィ氏は、この事件についてこう回想する。

〈メシャル事件以後の数年間に、何度かこんな質問を受けた。ヤシンがガザに帰還して以降、テロによって多くの命が犠牲になっているが、あなたは釈放を提案し、手はずを整えたことを後悔することはないのか。

白状すると、そうした考えが何度も脳裏をよぎったのは確かである。しかし私はすぐに思いなおした。このことに関する歴史的認識はたった一つであり、それはこれから先も変わらないのだと。ヤシンがあのままずっとイスラエルの監獄に入っていたなら、多くの人が死なずにすんだという議論は成り立たない。そう私は考えている。

たとえば、パレスチナ人テロリストを収監しているイスラエルの刑務所が、テロに関する着想や計画が生まれる場所だということは周知の事実である。イスラエル当局は、いかに警戒厳重で、集団脱走が不可能な刑務所でも、テロに関する伝達、指示、命令の流れを阻止することはできなかった。したがって、ヤシンは監獄のなかにいても、扇動者、テロ組織の顔としての活動を自由に続けることができたのである〉（前掲書・282頁）

仮にハレヴィ氏がヨルダンとの交渉をまとめ上げることができなければ、イスラエルとヨルダンは国交を断絶することになった。そうなれば、ヨルダンがテロリストの出撃基地になって、イスラエルはより多くの被害を受けたことは明白だ。

独り立ちするのに必要な資質とは？

筆者は、ハレヴィ氏から、「知る必要のある情報と、知る必要のない情報の区分ができるようになったら、インテリジェンスの世界で独り立ちできる」「あとで後悔するような工作を行ってはいけない」ということをいくつかの実例とともに教えられたが、メシャル事件から、読者もこのことを具体的に学ぶことができる。

自国の安全保障にとって脅威となるならば、「野を越え、山を越え、地球の裏側までも訪ねて行かなくてはならない」というインテリジェンスの哲学も、筆者はハレヴィ氏から学んだ。ソ連型社会主義体制が崩壊した後、北朝鮮は弾道ミサイルを中東諸国に売り渡そうとした。特にイランは、イスラエルまで到達する弾道ミサイルを欲しがっていた。その情報をつかんだモサドは、1992年末にハレヴィ・モサド副長官を平壌に派遣する。

このときの話を筆者はハレヴィ氏から直接聞いたことがある。ベルリンのシェーネフェルト空港（旧東ドイツの国際空港）から不定期に出るイリューシン62型機でモスクワ経由で平壌に向かった。ハレヴィ氏一行はファースト・クラスに乗ったが、後ろのエコノミー・クラス席は段ボール箱や木箱に詰められた荷物で一杯だった。金正日に直結する「第二経済委員会」が調達した、金一族が消費するぜいたく品をヨーロッパに駐在する北朝鮮の外交官が買い集めて、この便で運ぶのである。

モスクワでは、トランジット・ホテルに泊まることもできたが、ロシア当局に動きを察知されないようにするために、機内に泊まった。12月のモスクワはマイナス20度近くになる。エンジンを停めてしまうので、機内の温度も零下になる。「オーバーの上から、何枚も毛布を重ねたが、寒さで歯がかちかちと鳴った」とハレヴィ氏は、笑いながら話していた。

平壌でハレヴィ氏の交渉相手となったのは金容淳《キムヨンスン》朝鮮労働党書記だった。金容淳は、朝鮮労働党対外情報調査局（現35号室）の責任者だったので、ハレヴィ氏の交渉相手としてはもってこいだった。ハレヴィ氏は金容淳について、「よく訓練された有能なインテリジェンス・オフィサーだ。約束は守るタイプだ」という評価をしていた。弾道ミサイルを中東諸国に販売する見返りに北朝鮮が要求してきた金額が巨大だったことと、この取引をイスラエルが北朝鮮と行うと、アメリカを刺激するので、交渉を途中で打ち切った。

ハレヴィ氏から、「日本は北朝鮮に関する優れた情報を十二分にもっている。なぜ、それを日本の国益のために用いないのか。インテリジェンスの世界に調査のための調査、分析のための分析は存在しない。調査も分析も国益を保全し増進する工作のために用いられなければ意味がない」と何度も言われた。その影響を受け、筆者は外務省にインテリジェンス・チームを作り、小渕恵三《おぶちけいぞう》、森喜朗《もりよしろう》の両総理の時代には、それなりの成果をあげ、評価されたが、小泉純一郎《こいずみじゅんいちろう》政権が成立し、田中眞紀子《たなかまきこ》氏が外務大臣に就任した後の外務省の混乱で、筆者たちのインテリジェンス・チームは「鈴木宗男派だ」というレッテルを貼られ、潰されてしまった。鈴木氏や筆者が失脚してもインテリジェンス・チームとそこで経験を積んだ専門家が生き残ればよかったのであるが、チームは解体され、専門家はインテリジェンス業務から遠ざけられてしまった。それだから、筆者は恩師であるハレヴィ氏にあわせる顔がないのである。

第8回　安心できる裏取りの方法

信憑性が高いか否か？　をどう確認するか

いくら情報を集めても、それがガセネタばかりだったら、正確な判断をすることはできない。入手した情報がどれくらい正確かということを検証する問題、いわゆる「裏取り」は、インテリジェンスの世界でとても重要である。

もっとも、インテリジェンスのプロは相手が裏取りをすることを織り込んだうえで、巧妙な情報操作を仕掛けてくることもある。裏取りをめぐる攻防戦は、熾烈《しれつ》なのである。

まず、重要なことは、入手した情報で、他の公開資料によって、確認できる部分とそうでない部分を区分することである。例えば、「モンゴルとの国境地帯にあるロシアのトゥバ共和国というところで、反露感情が高まって、ロシアから分離する可能性がある」という情報が寄せられたとする。もし、この情報がほんとうだとすれば、ロシア、モンゴル、中国の3国にわたる深刻な問題になる。実は、トゥバは1944年まで、ロシア（旧ソ連）の保護を受けていたが（外交や軍事についてソ連に委任しているということ）、一応、主権国家という建て前になっていた経緯もあり、いまも独立心が旺盛で、ロシアから分離独立する気運があるからだ。トゥバ人は、チベット仏教の信者である。その点ではモンゴル人と同じだ。従って、こういう情報を得たら、筆者ならば、その情報源に裏取りのための質問をする。具体的には、

「トゥバ人の民族系統と、宗教について教えてほしい」

という質問をする。

トゥバ人が仏教徒であるということは、ちょっと観察すればすぐにわかるので、まず間違えない。しかし、民族系統については、モンゴル系と誤解している人が多い。トゥバ人はトルコ系なのである。それだから、宗教が同じであっても、モンゴルと一体化しなかったのである。ロシアには、ブリヤート人、カルムイク人など、チンギス・ハーン（ジンギス・カン）の末裔《まつえい》のモンゴル系少数民族が結構いる。これらの人々のほとんどはチベット仏教の信者で、ダライ・ラマを尊敬している。ブリヤート共和国の首都ウラン・ウデの郊外には、大きな仏教寺院（ダッツァン）がある。また、青い眼のロシア人でも、

ブリヤート人の影響を受けてチベット仏教に帰依した信者が結構いる。トゥバ人は、ロシアにいるトルコ系では唯一の仏教徒なのである。従って、「トゥバ人はトルコ系で、チベット仏教徒です」と答える情報源の情報ならば、信憑性《しんぴょうせい》が高いということである。

ちなみに現在、チベット情勢が緊迫化しているが、中国政府が報道管制を徹底し、チベットへの外国人の立ち入りを厳しく制限しているため、正確な情報が入らない。また、インド、アメリカ、フランスなどから入ってくる中国当局による人権弾圧の情報についても、裏を取ることがなかなかできない。こういうときは、モンゴルやロシアのブリヤート、トゥバなどに行って裏を取ればいい。モンゴル人、ブリヤート人、トゥバ人の僧侶は、チベット現地を頻繁に往来している。また、チベット人の内在的論理を理解することができるので、ほんものの情報とガセネタに関して、区別する勘が働く。モンゴルは日本の友好国で、ODA（政府開発援助）も大量に供与している（2005年までに1400億円もつぎこんでいる）。こういうときに外務省がチベット情勢に関する情報をモンゴル経由でとれば国益に貢献するのに、そのようなことをしている気配がない。そもそも情報をとらなければ、裏取りの問題も生じない。日本外交は、裏取り以前の状態にある。

会話の中に忍ばせる裏取りの質問

スパイの世界では、別の人間になりすますことがよく行われる。その場合、偽の履歴が重要になる。偽の履歴についても、インテリジェンス機関ごとの業界用語がある。CIA（米中央情報局）、SIS（英秘密情報部、いわゆるMI6）、モサド（イスラエル諜報特務局）では、偽の履歴を「カバー・ストーリー（偽装の物語）」と言うのに対して、SVR（露対外諜報庁）では、「レゲンダ（伝説）」と言う。

この「カバー・ストーリー」「レゲンダ」がよくできているかどうかが、スパイ工作の正否に直結する。例えば、東京で、謎のイギリス人の男が近寄ってきて、こんなことを話しかけてきたとする。

「佐藤さん、モスクワ国立大学に留学しておられたんですってね。実は私もモスクワ国立大学に留学していたんです」

大学の同窓であるというのは、親しくなるための口実としてよく用いられる。しかも、モスクワ大学の場合、留学生の学籍名簿は整っていないので、学位を取得せず、聴講だけしたということならば、いくらでも話を作ることができる。

「いつ頃ですか」

「1980年代初頭です」

「学部はどこですか」

「外国人用のロシア語コースです」

こういうときに、裏取りの質問をするのだ。

「ロシア語の集中コースでしたか。それから、寮はレーニン丘の大学本館でしたか」

もし、ここで「そうだ」と答えたら、相手は嘘をついている。ソ連時代にモスクワ大学でロシア語の集中講座は開講されていなかった。モスクワ大学と別の場所にあるモスクワ大学予科が外国人へのロシア語教育を行っていたからである。レーニン丘にある高層ビルの学生寮には、モスクワ大学の本科生しか居住できなかったからだ。

もっとも、実際のスパイの世界では、当時の事情をよく調べ、最低、モスクワに2〜3ヵ月住んで、「カバー・ストーリー」がぴったり肌につくようにする。従って、このような答えをする。

「いいえ、私はモスクワ大学の予科で勉強したので集中コースではありませんでした。人文学部棟8階の言語学部で勉強しました。寮はベルナツキー通りでした」

ここで、裏取りをする。

「寮から大学へは、地下鉄で通っていましたか」

もし相手が、「はい。少し歩いたほうがいいと思って、あえて地下鉄にしていました」と答えれば、合格だ。通常は、大学から寮の前を通るトロリーバスで学生は通っている。そこで、更に裏取りをする。

「トロリーバスで通うこともあったでしょう。確か、バスの番号は8番でしたね」

ここで相手が相づちを打ったら、この男が寮に住んでいたことはもとより、モスクワに住んでいたという話自体が嘘だ。8番はモスクワの中心部を走るトロリーバスの番号で、大学と寮の間を走るトロリーバスは34番だからだ。

大学時代の話となると、必ず共通の知人の話題が出てくる。この点に関して、「カバー・ストーリー」を作るのは、案外簡単だ。既に死んだ人間を共通の友人とするのだ。「モスクワ大学哲学部のアレクサンドル・ポポフ教授をよく知っています」というようなことを言うのだ。筆者について、少し調べれば、ポポフ教授と親しかったことがわかる。死人ならば、裏を取ることができない。

このように偽装して近寄ってくる者は、背後に組織があり、何らかの魂胆をもっている。従って、相手が嘘をついていることを理解したうえで、相手の目的をつかみ、偽情報を与え、相手を攪乱することも情報戦ではよく使われる。

こんな経験がいくつもあるので、現役を退いたいまでも、「高校や大学の同窓生だ」と言って、講演会やパーティーで近寄ってくる人がいると筆者は身構えてしまうのだ。情報屋稼業の後遺症である。

第9回　憎まれることなく嫌われる技法

インテリジェンス流上手な別れ方

　連載「野蛮人のテーブルマナー」も、そろそろ秘伝について披露する段階にきている。人脈をイケイケドンドンで拡げていくことは、乱暴な人間でもできる。難しいのは、一旦構築した人脈が無用になって、人間関係を切るときの技法だ。

　政治の世界では、かならず浮き沈みがある。日本の場合、最悪の事態でも鈴木宗男氏（衆議院議員、新党大地代表）、村上正邦《むらかみまさくに》氏（元参議院議員、元労相）、そして筆者のように「鬼の特捜」（東京地方検察庁特別捜査部）に逮捕されて、監獄にぶち込まれるくらいである。しかし、北朝鮮やイランのような国では、政治的に失脚すると状況によっては命までもっていかれることがある。こういうときに政治犯と深い付き合いをしていると、外交官の場合、国外追放になる危険がある。外交特権をもたないスパイならば抹殺されてしまう可能性もある。従って、情報屋は人脈をつくるときに「この人との関係を切るにはどうすればいいか」ということをいつも考えながら仕事をしている。

情報屋の場合、好みのタイプは「情報をもっている人」で、本気で好きになるのは「情報を教えてくれる人」である。これは、万国共通の原則だ。エリツィン時代に、ロシア大統領府高官で、身長158センチ、スリーサイズが上から120、110、130という文字どおりビア樽のような50代前半の女性がいたが、政治家やジャーナリスト、外交官から抜群にもてた。エリツィン大統領の信任がものすごく厚く、クレムリン（大統領府）の様子やエリツィン家の内情について、正確な情報をもっているからだ。幸い、筆者もこの高官から可愛がってもらい、別荘で行われるサウナパーティーに何度か招かれた。高官はビキニを着てサウナに入るが、男たちは素っ裸である。女王蜂に仕えるように高級官僚や大企業経営者がこの女性の機嫌をとっていた。現役外交官時代の筆者も、この女性と一緒にサウナに入ったことは、たいへんな自慢で、とても嬉しかった。もちろん機微に触れる情報もたくさん入手することができた。

映画の「００７」シリーズでは、ジェームズ・ボンドは、適宜、セックスを楽しみながら情報収集や工作活動をしているが、実際のインテリジェンスの現場で、セックスによって情報をとることはまずない。人間は基本的にセックスが好きな動物だ。そして、通常の人間ならば、セックスがからむと心情的にどうしてもその相手を、情報源として価値がなくなったからといって切り捨てることはできなくなる。それだから、面倒なことにならないように情報屋は、セックスで情報をとることを避けるのである。

裏返して言うならば、セックスをして、相手を愛しているふりをして情報を吸い上げ、用済みになったら冷酷に捨て去ることができる人物ならば、セックスを使った情報工作をしてもよいのである。筆者がロシアやイスラエルのインテリジェンス専門家から聞いた話では、旧東独（ドイツ民主共和国）のシュタージ（国家保安省）対外偵察局の男性工作員は、セックスを使って西独（ドイツ連邦共和国）で情報収集活動を本格的に行っていた。「シュタージには、KGB（ソ連国家保安委員会）とともにナチスのゲシュタポ（秘密警察）のシニシズム（冷笑主義）の伝統が流れているので、平気で女を切り捨てるんだ」とインテリジェンス業界に通暁《つうぎょう》したロシア人が述べていた。

嫌われる技法を身につける

情報源が女性の場合、用済みになってそれを切るときには、プレイボーイの技法が役に立つ。外務省にはプレイボーイが結構いた。筆者が研修生（新入省員）の頃、1980年代半ばの話だ。筆者は、ソ連課で勤務していたが、隣の東欧課の幹部にたいへんなプレイボーイがいた。いつもカーキ色のシャツを着ている。朝まで女性と遊び歩いて、そのまま役所に出てきても汚れが目立たないからだ。外務省では、担当国との時差の関係があり、徹夜仕事になることはよくある。それに外務省内に仮眠室もあるので、家に電話で連絡さえしておけば、1～2日は外泊しても、それが大きなトラブルになることはない。東欧課の幹部は、このような外務省文化を最大限に活用し、連日、女遊びをしていた。

あるとき、この先輩に連れられて、ホテルのバーで一杯飲んだ。好奇心から筆者が尋ねた。

「先輩は、ものすごくもてますけど、一度に複数の若い子に手をつけて、トラブルになったことはないのですか」

「そりゃ、何度も修羅場をくぐったよ」

プラチナのカフスボタンをいじりながら、先輩はこう続けた。

「佐藤クン、女遊びをするときにいちばん大切な技法は何か知っているか」

「わかりません。教えてください」

「女の子に嫌われる技法を身につけることだ」

「エッ、どういうことですか」

「だから、女の子が向こうから逃げていくような嫌われる技法を身につけることだ。そうすればトラブルに巻き込まれることはない」

イメージが浮かんでこないので、筆者は「具体的にどういうことですか」と先輩に尋ねた。

「例えば、高級レストランに相手を招き、鼻くそをほじってテーブルクロスになすりつける。これを2〜3回繰り返して、その後、ズルズルと音を立ててスープをすすり、くちゃくちゃ音を立ててステーキを食べれば、欧米人の女ならば99％逃げていく。二度と誘っても来なくなる」

「それは当然でしょう。しかし、周囲からも顰蹙《ひんしゅく》を買うじゃないですか」

「周囲から顰蹙を買うことを恐れるような者に女遊びをする資格はない」

「もう少し、上品な方法はないんですか」

先輩は少し考えてから、こう答えた。

「相手の両親の悪口を言うことだ。肉親の悪口というものは、自分ではそれほど抵抗感をもたずに口にするが、他人から言われると実に嫌な思いをする」

「それは最低の人間がすることです」

「そう。その通り。最低の人間になれば、相手が逃げていく」

この手法を用いているので、プレイボーイの先輩は、トラブルのない形でセックスを中心にした生活を続けることができたのである。

情報屋にとっても、不要になった情報源が向こうから去っていくというのが理想型だ。この場合、鼻くそをほじる、音を立ててモノを食べるといった手法は、インテリジェンスにも応用可能だ。下品な人間だと軽蔑されることはあっても、相手から憎まれることはない。しかし、相手の両親の悪口を言うと、確かに相手から嫌われるであろうが、同時に憎まれる。セックスだけの関係ならば、「あいつには包茎手術の跡がある」とか「チンポが小さい」などと言いふらされるくらいの被害しかないが、情報源の場合、面倒なのは、これまでにこちらがした質問から、どのような事項にこちらが関心をもっているかが知られてしまう。インテリジェンスの世界での情報収集の要諦は、相手にこちらの意図を知られないように、相手が隠している情報を入手することだ。もっとも、このような事態に備えて、情報源にこちらの意図を探られないようにする技がある。

第10回　上手なカネの渡し方

本音を悟られずに情報をとる

協力者（エージェント）に頼んで情報をとるときには、当たり前のことであるが、こちらから「〜について調べてくれ」とか「〜というウワサは本当か」などという具体的質問をする。

例えば、「択捉島《えとろふ》（北方領土）の水産加工場〝ギドロストロイ〟から魚を買っている日本の業者はいないか」ということについて、協力者を送って調査したいと日本政府が考えているとする。北方領土は日本の領土である。しかし、ロシアが不法占拠している。ここで不法占拠をしているロシアの企業と手を組んで金儲けをしている日本企業があるとするならば、それは国賊だ。金儲けができるならば、ロシアは北方領土にいつまでも居座るからだ。だから、そのような企業に対して、法規を特に厳格に適用して、叩き潰してしまうことを日本政府として考えている。

しかし、「水産加工場から魚を買っている日本人はいないか」という情報だけを誰かが嗅ぎ回っているならば、その背後に日本政府がいるな、とちょっと勘のいい奴ならば気づく。そして、「そんな日本人はいない」という偽情報を流してくる可能性がある。

そこで、協力者には、「われわれは択捉島に建設予定の空港に関心がある。滑走路の長さ、工事終了時期、軍民併用空港となる可能性について調べてくれ」ともっともらしい別の課題を与える。そして、「択捉島に在住する外国人に関する情報が欲しい。北朝鮮、韓国、中国から水産加工場〝ギドロストロイ〟に労働者が来ているというのは本当か。日本からも労働者が来ているか。それから、〝ギドロストロイ〟はどの外国と取引きしているか。アメリカ、日本が中心と思うが、具体的な企業名を調べてほしい。〝ギドロストロイ〟幹部は、空港ができることによってビジネスがどの程度拡大すると見ているか」というような質問をする。

そうすると協力者は、こちらが関心をもっているのは、空港の話だと勘違いし、空港建設に関する情報を嗅ぎ回る。ロシア側は、空港建設に関する情報にはガードが固くなるが、それ以外の周辺的事項については、情報を守ることにそれほど注意を払わない。

こういうときに「北海道の××水産と取り引きしているよ。ただし、洋上取引で、しかもサハリンに本社を置く会社の名前でやっているから、大丈夫だよ」などという貴重な情報が入ってくる。そうなると、今度は、実際には取引をするつもりはないが、ロシア人を偽装した白人のエージェントを北海道の水産会社に接触させ「おたくは〝ギドロストロイ〟とうまくやっているようだが、こちらはロシアのマフィア系金融会社をバックに、今度、本格的な加工場を択捉島に作ろうと思っている。現在の2倍は儲かる仕組みを作ろう」などと言って、アプローチすればよい。北海道の会社が取引に乗ってくれば、そこからこの会社が北方領土でどのような金儲けをしているかという姿が見えてくる。取引を拒絶する場合も、この水産会社は〝ギドロストロイ〟にこのような話があったことについて連絡し、何らかの協議をする。この様子を注意深く観察していれば、誰がキーパーソンかわかる。

キーパーソンを特定したら、その人物の行動を3ヵ月くらい徹底的に洗う。人間にはどこかに必ず弱点がある。監視されていることがわかっていれば、弱点を隠すことができるが、それに気づいていないと、3ヵ月くらい観察すれば、その人物の表と裏の95％くらいはわかる。そして、愛人がいる、会社のカネを使い込んでいるなどの事実をつかんで揺さぶり、工作をかけるのだ。

もっとも、プロのスパイは、常時、このような観察がなされているという意識をもっているので、接触は外国で行うとか、やむをえない場合も年に1度というような頻度で、そこで重要なやりとりがなされていないように偽装する。摘発は至難の業だ。

話を元に戻す。こちらの真の目的を協力者が知らないならば、その協力者が裏切っても、こちらが受ける打撃はそれほど大きくない。こういう形で協力者から課題について報告を受けるとき、その大部分の情報がこちらにとって意味のないものであるが、熱心に聞く。そして、いちばん重要な水産加工場と日本人の関係についての情報については、あたかも重要ではない、というように聞き流す素振りをして、しっかり記憶に定着させることだ。

上手にカネを渡すと、付録に友情がついてくる

情報源や協力者へカネを渡すときも、この連中との関係を切った場合にこちら側が被る打撃が極小になることを常に考えて行うというのが、正しいテーブルマナーだ。イン

テリジェンス機関は、役所である。予算を組んで仕事をする。それだから、情報源、協力者を運営するのにかかる経費は1人ごとに定められているのである。それをどううまく使うかが、インテリジェンス・オフィサーの腕である。

いちばん下手な渡し方は、毎月定額の給与を渡すことである。まず、こういう手法だと、相手が提供してくる情報がだんだん荒れてくる。それから、毎月、一定のカネが入ってくることをあてにするようになる。仮にこちらが相手を切った場合、恨まれる。一般論として、恨みが動機となって寝返った人間は、長期間、陰険な攻撃を仕掛けてくる。こういう状況に情報源や協力者を追い込むことは得策でない。

定額制を避けて、よい情報をもってきたときに多額のカネを渡すが、つまらない情報のときは少額しか渡さないという手法もある。毎月定額を渡すことと比べれば、関係を切った場合、恨まれる可能性は低くなるので、受ける打撃も少ない。ただし、この手法をとると、対価の支払いを通じて、こちらの関心事項をつかまれてしまう。それから、カネ欲しさに相手がこちらの喜びそうな情報を捏造《ねつぞう》する可能性が出てくる。もっとも、情報屋稼業を10年もやっていれば、普通の情報源や協力者が運んでくる捏造情報は、皮膚感覚でわかるようになる。

最も上手なカネの渡し方は、相手が運んでくる情報とカネに直接の因果関係をつけないことだ。よい情報をもらっても「ありがとう」だけで済ませる。しかし、協力者の息子が中学校に入学するときは、「お祝い」として50万円を包んで渡すというやり方だ。もちろん、年間で、この協力者には200万円、この情報源には30万というように予算は決まっている。情報に対する対価ではなく、「友情の印」としてカネを渡すのだ。しかし、少し考えてみればわかるように、本当の友人ならば、友情にカネが介在することはない。インテリジェンスの世界の住人は、友情を装うのは巧みだが、本当の友人は1人か2人しかいない。情報屋と接触して、相手がカネを渡してきたら、そいつはあなたを「モノ」として考えている。要注意のスイッチを入れることだ。筆者のアドバイスは、「絶対にカネを受け取ってはならない」ということに尽きる。

最後に、情報源、協力者にカネを渡すとき、相手の経済状態には細心の注意を払う必要がある。相手がカネを遊びに使っているならば、関係を切ったときに大きな問題を生ずることはまずない。しかし、このカネが家族の生活費である場合には、生活苦からカネ目当てにこちらの情報を敵機関やマスコミに売る危険性が生じる。

第11回　逃げ出すタイミングの見つけ方

引き際を間違えると、大変なことに……

残念ながら、『ＫＩＮＧ』が休刊することになり、「野蛮人のテーブルマナー」も次回で店じまいをすることになった。戦争においても撤収作戦は何よりも難しい。太平洋戦争中、撤収のタイミングを間違えて、日本の敗北を決定的にしたのがガダルカナル戦だ。〈太平洋戦争で日米双方とも当時として最大限の陸海戦力を投入した作戦。戦争初期の日本軍の攻勢が、この作戦の結果、防勢に追い込まれたという大きな意味をもつ。1942年8月7日から翌年2月7日まで行われた。ガダルカナル島は日本本土から500㎞離れた南西太平洋ソロモン諸島の南端にある。最初日本海軍が小部隊でアメリカとオーストラリアの連絡線を遮断するため、まず滑走路を作った。アメリカ軍はラバウルを奪回するための第一歩として、海兵1個師団を奇襲上陸させて飛行場を奪取した。日本軍は一木支隊、川口支隊、第2師団、第38師団を逐次上陸させて、飛行場の奪回をはかったが、主力戦闘機が同島上空に15分しか滞空できないため、制空権が終始アメリカ軍の手中にあり、補給が途絶し悲惨な戦況になった。日本軍は上陸総兵力約3万1400人に対して、餓死者を含む戦死傷者を約2万1000人出して撤収。アメリカ軍はアメリカル、第25の2歩兵師団、第1・第2海兵師団計約5万人が上陸した〉(『世界大百科事典』平凡社、電子版)

当初、陸軍はガダルカナル島に戦略的意義を見いだしていなかった。しかし、これまで連戦連勝できたために、「アメリカ軍になめられてなるものか」と意地を張り、泥沼に陥ってしまった。

パチンコやパチスロで、「もうすぐ大当たりがくるはずだ」と、あと5000円、あと3000円、あと1000円とつぎこんで、最後にスッカラカンになってしまうのに似ている。もっとも、スッカラカンになってしまうのでも、財布のカネを全部スッてしまうというぐらいならば、まだましだ。熱くなったついでに、パチンコ屋のそばにある消費者金融の現金自動貸出機からカネを引き出して、借金を作ってしまうと、後でほんとうに困ったことになる。

外交の世界でも引き際がなかなか難しい。実を言うと、筆者が「鬼の特捜」（東京地方検察庁特別捜査部）に逮捕され、刑事被告人になったのも、引き際を間違えたからなのである。

北方領土交渉が動き始めたのは、1997年11月、ロシア、西シベリアのクラスノヤルスクで橋本《はしもと》龍《りゅう》太郎《たろう》総理（本稿において役職は、出来事当時のものとする）とエリツィン露大統領が会談した後のことである。このとき、両首脳は「東京宣言に基づき、2000年までに平和条約を締結するよう全力を尽くす」という「クラスノヤルスク合意」を結んだ。

「東京宣言」とは、1993年10月に訪日したエリツィン大統領と細川護熙《ほそかわもりひろ》総理が署名した文書で、択捉島、国後《くなしり》島、色丹《しこたん》島、歯舞《はぼまい》群島の帰属に関する問題を解決して、平和条約を締結することが約束されている。「クラスノヤルスク合意」では、領土問題という言葉は出ていないが、その内容は2000年までに平和条約を締結することだった。

「クラスノヤルスク合意」ができた時点で、北方領土問題について、エリツィン大統領は譲歩する腹を固めていた。橋本総理は、1998年4月、エリツィン大統領を静岡県伊東市の川奈ホテルに招き、そこで、四島一括では日本側がぎりぎりまで譲歩した「川奈秘密提案」を行った。エリツィン大統領は、この秘密提案に即答しようとした。そのとき、横にいたヤストロジェムプスキー大統領報道官が、「法律問題について専門家の判断を仰がなくてはなりません」と大統領の発言をさえぎったので、エリツィン大統領は、返事を飲み込んだ。このときのことを思い出して、日本側で同席していた丹波《たんば》實《みのる》外務審議官は、「ヤストロジェムプスキーを蹴飛ばしてやろうと思った」と述懐している。丹波氏が口先だけでなく、このときヤストロジェムプスキー報道官を蹴飛ばしはしなくても、「ちょっと待ってくれ、これはあなたや私のような官僚の出る幕ではなく、大統領の政治的判断に委ねるべき問題だ。エリツィン閣下のお話を最後まで聞きたい」と言えば、そこで北方四島が日本領であることが確認されたかもしれない。丹波氏は、ヤストロジェムプスキー氏に気合負けしたのである。野蛮人のテーブルマナーとして、重要なことであるが、「ここが勝負」というとき、最後は気合が重要になる。

2つの悪魔が宿った悪運

その後、2つの悪運が続いた。

第一は1998年7月の参議院選挙で自民党が大敗し、橋本内閣が退陣したことだ。このため、橋本氏とエリツィン氏の個人的信頼関係をテコに北方領土問題を解決しようとするシナリオを軌道修正する必要が生じた。

第二は、同年8月にロシアで本格的な金融危機が発生し、政府が事実上のデフォルト（債務不履行）宣言を行ったことだ。このショックでエリツィン大統領の健康状態が急速に悪化した。

1998年11月に小渕恵三総理がモスクワを訪問し、エリツィン大統領と会談したが、このとき大統領の健康状態は最悪だった。従って、北方領土問題について、腰を据えた交渉をすることはできなかった。その後、エリツィンは小渕総理と北方領土問題について本格的な交渉をすることから逃げ回り、1999年12月31日に任期前辞任を表明した。日本側は、「クラスノヤルスク合意」は、プーチン新政権に引き継がれると解釈し、森喜朗総理とプーチン大統領の間で、北方領土問題を仕切り直すことにした。しかし、時間が足りなかった。2000年中に北方領土問題を解決することは不可能であることは明白だった。

正直に言うと、このとき筆者は、北方領土交渉を仕切り直す必要があると考えた。筆者は、1997年の「クラスノヤルスク合意」から北方領土交渉に深く関わっていたので、ここで責任をとって、ロシア担当から外れ、東欧某国に赴任することを考えた。しかし、外務省幹部はそれを認めなかった。

2000年末に北方領土交渉を統括する東郷和彦欧亜局長は筆者にこう言った。

「時計を止めるのです。あと2〜3ヵ月だ。平和条約への道筋ができれば、みんな理解してくれる。まずは成功することだ」

東郷局長の言うことは正しかった。しかし、それは、筆者たちが失敗したことによって証明されたのである。2001年3月、森総理が東シベリアのイルクーツクを訪れ、プーチン大統領と「イルクーツク声明」に署名した。その結果、平和条約への道筋はできたが、4月に誕生した小泉純一郎総理が田中眞紀子氏を外務大臣に指名したことによって、すべてがぶち壊しになった。その結果、北方領土返還は実現されず、筆者と鈴木宗男衆議院議員は国賊であると非難された。交渉が成功しなかったので、筆者たちは外務省幹部の理解を得ることができなかった。そして、筆者と鈴木氏は「鬼の特捜」に逮捕され、「小菅ヒルズ」(東京拘置所)の独房にぶち込まれることになった。

いま振り返ってみると筆者はルビコン川を2度渡った。橋本氏とエリツィン氏の個人的信頼関係を基礎とする戦略だった以上、橋本氏が退陣の意向を表明した1998年7月時点で全面的な仕切り直しをすべきであった。これが1度目のルビコン川だ。2度目のルビコン川は、「クラスノヤルスク合意」の期限が満了した2000年12月以降も、以前と同じ仕切りで北方領土交渉を続けたことである。流れの中にいると逃げ出すタイミングを見いだせなくなる。特に現場の人間にその傾向が強い。

第12回　始めるときに、「終わり」について決めておく

「いつ、終わらせるか？」を明確に

最終回というのは、何とも言えず、淋しいものだ。しかし、ここでは発想を少し変えて、「終わり」の重要性について考えてみる。

ギリシャ語にテロス（telos）という言葉がある。これは、「終わり」と「目的」と「完成」があわさった言葉である。ユダヤ・キリスト教文化圏の発想では、最終回というのは、これで一つの目的を達成し、完成形を作ったことになる。

それでは「野蛮人のテーブルマナー」というこの連載は、筆者にとってどのような意味をもっていたのであろうか。一言で言うと、それは通俗化である。日本語で通俗化というと、何か水増しされたり、質が落ちるような印象があるが、欧米やロシアではそうではない。同じ内容について、質を落とさずに、広範な人々に理解してもらうことがで

きるような言葉で語ることが通俗化なのである。

『国家の罠　外務省のラスプーチンと呼ばれて』『自壊する帝国』(以上、新潮文庫)、『私のマルクス』(文藝春秋)、『国家論　日本社会をどう強化するか』(日本放送出版協会)などで論じた、現在の日本国家に対する筆者の危機意識、さらにそこから抜け出すための技法をインテリジェンスの知識を用いてどう身につけるかというテーマを「野蛮人のテーブルマナー」というこの連載で実験してみたかったのである。読者からも様々な反響があった。そして、当初1年分の連載をまとめ、加筆した単行本『野蛮人のテーブルマナー』は3万部に達した。ノンフィクションとしては、誇ることができる実績だ。この実験は成功したのである。本連載、単行本の内容が、読者の仕事や生き方に1つか2つでもヒントを与えることができたならば、それで筆者は幸せである。

実は、何かを始めるときに、まず「終わり」について、決めておくということはとても重要なのである。本連載についても2年程度という目処《めど》をつけていた。そうすると、どこで着地させるかという頭作りをしながら、連載を組み立てることができる。だらだらした連載よりもそのほうが内容も引き締まり、読者にとっても面白いものになる。

異業種勉強会や、趣味の会などを立ち上げるときも、まず、会をいつ終了させるかについて決めておくことが大切である。一旦できあがった組織は、必ず組織自体が生き残ろうとする本能をもつ。会を立ち上げるときに、解散について決めておかないと、組織の生き残り本能に翻弄されて、本来の目的以外のところで大きなエネルギーを消費するようなことになる。この場合、解散については、目的が達成されたときと一定の時間が経過したときの双方について、とりあえず合意しておく必要がある。

例えば、公認会計士に合格するための勉強会を組織する場合、「勉強会のメンバー全員が合格するまで」というのを目標にするのは当然のことだ。ただし、それと同時に、「本会結成後、2年で会を一旦解散する」という合意も取り付けておくほうがいい。そうでないと、合格する資質がないメンバーが、勉強会に参加している体面上、なかなか公認会計士試験をあきらめることができずに、人生の転換のタイミングを失して、時間を無駄にしてしまうことになる。

イスラーム教の場合、結婚のときに、かならず離婚の条件と慰謝料についても約束をかわす。おめでたい席で、縁起でもないというのが日本人的感覚だが、人生には様々なことがある。離婚は結婚の3倍くらいのエネルギーがかかるという。筆者自身、離婚の体験があるので、そのことは皮膚感覚でよくわかる。プレイヤーは同じなのに、なぜこのように非対称なことになるのか、考えてみよう。結婚のときは、お互いに善意を想定している。従って、ひとつひとつのことが、比較的すんなりとまとまる。これに対して、離婚の場合、相手の悪意を想定する。従って、双方が最悪のシナリオについて考えるので、話がもつれるのである。それをイスラーム教のように「離婚の場合は、夫から妻にラクダ5頭、羊30頭を引き渡す」というようなことを、あらかじめ定めておくならば、離婚交渉に費やすエネルギーをかなり節約することができる。

戦艦大和の最期に学ぶトップの責任の取り方

前回連載で言及した、北方領土交渉についても、「東京宣言に基づき、2000年までに平和条約を締結するよう全力を尽くす」（クラスノヤルスク合意）というのが約束で、せっかく時限を切っていた。それまでに北方領土問題が解決しなかったのだから、「最大限に努力したのだけど失敗した」と素直に認め、筆者も北方領土交渉から足を洗っていたのならば、逮捕され、刑事被告人になることもなかった。もっとも、その場合、筆者が作家になることもなく、こうやって筆者のもつ経験や知識を読者に提供する機会もなかったと思う。そう考えると、あそこでしつこく北方領土問題の解決にこだわったことにも、意味があったようにも思えてくる。

外務省にいたときも、「このプロジェクトチームはダメだな」というときには、共通の雰囲気がある。まず、予算の支出や書類の作成に関して、物事がどう進むかということよりも、組織内部の手続きをきちんと踏まえているかに関心がいくようになる。さらに自分が担当した仕事については、問題を指摘されても、それに抗弁できるように理論武装することにエネルギーを費やすようになる。

このような状態が、もう少し進行すると、部屋にいて電話が鳴っても、担当者が電話をとらないようになる。電話をとってしまった人が、電話による照会であるとか、依頼を担当しなくてはならなくなるからだ。それと同時に、電話をとった人が官職や氏名を名乗らなくなる。うっかり名前を名乗り、電話で話した内容が後から問題になって、上司から叱責されることを恐れるからである。一般論で言って、勤務時間中に呼び鈴が10回以上鳴っても電話をとらない会社、また電話で照会したときに担当者の名前を名乗らない部署は、そうとう危ない状態にあると見たほうがよい。

もっとも、民間企業の場合、こういうような状態になった部署ならばリストラされ、会社ならば倒産することになるが、外務省の場合、リストラも倒産もない。試しに、竹島問題の現状について外務省に電話で照会してみるとよい。電話をたらい回しにされたあげく、最終的に応対した者も、まず名前を名乗らない。後で問題になって、右翼から抗議がきたりすると嫌だと思っているからだ。この程度の胆力で、毅然たる外交ができないのは、当然のことだ。

「終わり」のときに重要なのは、トップの対応である。1945年4月に戦艦大和が沖縄方面に水上特攻に向かったときの有賀幸作《あるがこうさく》艦長（海軍中将）の最期は、吉田満《よしだみつる》の名著『戦艦大和ノ最期』（講談社）によれば実に見事だった。有賀艦長は、泳ぎがうまいので、大和が沈んだとき、万一、生き残ってしまうことを恐れ、羅針儀に身を結びつけて、大和と運命をともにした。これが史実であるか「物語」であるかについては、諸説があるが、有賀艦長が作戦に命を懸けたことは間違いない。現在の外務官僚（特に上層部）に、有賀艦長の100分の1くらいの胆力があるならば、北方領土問題も、竹島問題ももっと別の展開をすると思う。

読者のみなさん、長期間のご愛読ありがとうございました。

第二章

「諜報的《インテリジェンス》」に生きるススメ

「どん底」からこそ人生が見えてくる

木宗男×森一×坂秀世×佐藤優

鈴
田中
筆

①サバイバルのプロ・一期一会

鈴木宗男

1948年生まれ。
衆議院議員、新党大地代表。
元内閣官房副長官、
元自由民主党総務局長。
現在、二審で有罪判決。
最高裁に控訴中。

筆坂秀世

1948年生まれ。
元日本共産党の政策委員長。
2003年参議院議員辞職、
2005年に離党。共産党時代は
鈴木宗男バッシングの筆頭で
ムネオハウスの名付け親。

田中森一

1943年生まれ。
元検察庁特捜検事・元弁護士。
2000年に石橋産業事件の
被疑者として逮捕。2008 年 2 月に
上告が棄却され実刑判決が確定。
現在、服役中。

まさしく一期一会、「4巨頭」の会談

その日、今後、深〜い事情で、一堂に会することが不可能な、それぞれの意味で、「崖っぷち男」４人組が集合。
彼らから、ドン底からの脱出流儀を学べ！

――鈴木宗男先生、田中森一先生、佐藤優《さとうまさる》さんが国策捜査で組織を追われ、深い事情があるのは知っているのですが、筆坂秀世《ふでさかひでよ》先生は何でまた？

筆坂　僕は、あまり知られてないね（笑）。

佐藤　筆坂先生の場合、簡単に言えば、ブス対策を忘れていた。自分のカネで飲みに行くのに可愛い子ばかりを誘っていたら、お局様のブスたちが怒ったという話。戦術的な失敗ですね（笑）。

――一般の会社でもそうであります！

筆坂　佐藤さんの分析は説得力がある。事実、僕のことを党内で応援してくれている、なかなか美人の女性に、「筆さんは可愛い子ばかり誘うからいけなかったのよ。あの人たちも一度は誘ってあげればよかったのに」と言われました（苦笑）。

——大阪新地の超高級クラブを極めた田中さんから見て、どないでっか？　ブスも誘わないとアカンのは？

田中　いや、それはそうなんだけど、やっぱりブスを誘うのは勇気がいるでぇ。

——（一同大爆笑）

佐藤　戦略的な観点から見ると、筆坂さんのセクハラ事件は、共産党が労働者階級の政党から、国民政党に脱皮していくプロセスの中で起きたことなんです。筆坂さんは独学でがんばって、党のナンバー4まで行った。しかし、国民政党へ変わっていく際に、最初から党官僚でやってきた労働現場を知らない新世代の幹部たちには、筆坂さんのような叩き上げがいつまでも党の上層部にいるのが鬱陶《うっとう》しくなってきた。そういうふうに党が官僚化していく構図の中で起きたことなんですよ。

筆坂　上の庇護がある人間とない人間の違いもあったね。それは出た学校の差ですよ。僕がもし東大卒業ならば、違った対応になっていたかもしれない。

――しかし、ポーンと出された。その時、自分を支えていたものはなんですか?

筆坂　絶対に頭《こうべ》を垂れないということだ。

佐藤　昔、外務省の大使にもいましたよ。絶対に頭を下げない男。

鈴木　枝村純郎《えだむらすみお》元駐露大使だな（笑）。

佐藤　ええ（笑）。ロシア人はいつも、あの人は後ろにお辞儀している、とか言ってました（笑）。もちろん筆坂さんとは、まったく違った意味の「頭を下げない男」ですが。

鈴木　やっぱり組織を追い出される背景には、その時の世論とか潮目とかね、様々な要因があるんですよ。私なんかね、田中眞紀子さんが一番人気のある頃だったから、抵抗勢力なんて言われてね。

で、その田中眞紀子さんを更迭したのは小泉さんなのに、なぜか私が悪者にされてしまった。私は関係ないのに、たまたま小泉さんに使われた。世論も、鈴木宗男はけしからん、という方向に向かってしまった。

――あの頃は、日本中が鈴木先生の敵のような感じでしたもんね。

鈴木　私はね、国益のためには、田中眞紀子さんは外務大臣を1日でも早く辞めたほうがいいと思っていた。小泉さんはそれを決断した。あれだけ国民に人気のあった政治家を辞めさせる決断を下したわけですから、たいしたもんだと思いましたよ。
だから、飯島勲《いいじまいさお》秘書官が来て「悪いけど、鈴木も辞めてくれ」と、首相のメッセージを伝えられた時、私は「国益のために結構だ」とすぐに受け入れたんです。
でも、その時、女房がこう言ったんですよ。「お父さんは使われているだけですよ。小泉首相は自分への風あたりを抑える壁が欲しいだけ。その風圧は全部、あなたに来ますよ」と。女房の分析が正しかった。
佐藤　女のほうがそういう時、カンが鋭いですよね。
鈴木　小泉さんはね、私に電話をよこしたんですよ。「鈴木さん、すまんな。大変なことになった。この借りは必ず返す！」って。そして、自分では来れないから、当時の山崎拓《やまざきたく》幹事長を私のところに来させた。私は、それで一件落着になると思ったんだけど、そこが甘かった。
佐藤　時の首相からそこまでされれば、次に来るのは大臣就任の話だろうくらいに思っても不思議はないですよ。
田中　でも、次に来たのは地検特捜部。小泉を守る壁になったら、そのお返しに大臣への壁をもろうたということですな（笑）。

——田中さんは、逮捕されて拘置所に入ったとき、どんな気持ちで自分を支えたんですか？

田中　支えるもなにも、ワシは起訴されるなんて全然思ってなかったのよ。なにしろ20日間の勾留が終わったら、検察がワシに土下座して謝って、ワシは日本中のヒーローになると思っていたんだから。その頃のワシはものすごく傲慢なところがあってな。ワシがいなければ世の中は回らんと思ってた。

——でも、拘置所に入ったら、田中さんがいなくても世の中は回っていた（笑）。

田中　ああ、それが一番ショックやった（笑）。だから、起訴されてガックリきたわね。そこから立ち直る方法は自分でもわからんかった。

そこで中村天風《なかむらてんぷう》の本を読んで、要するに人生はすべて心ひとつの置きどころ、心掛け次第だということがわかった。それ以来、とにかく前向きに前向きに別の人生を歩むんだ、ということをずっと考えてきてる。

——ところで何がこの4人の崖っぷち男たちを引き寄せたのでしょうか？　すごく不思議なんですけど。

佐藤　後醍醐《ごだいご》天皇の魂ですよ。

――え!?

佐藤　勝ち負けと善悪は別なんです。勝ったヤツが正しくて、負けたほうは間違いというわけではない。その矛盾が一番現れたのが南北朝時代だと思うんですよ。明らかに正しい南朝が、経済力と武力のある北朝にニセ天皇まで立てられて、吉野の山奥に追い込まれた。

で、この南北朝時代というのは、日本が南北に二分されていたわけではない。南朝といっても、日本全国に支持勢力は点在していたんです。いまでもその構図は同じです。何が正しいかを知っている人々が全国に点在している。だから、鈴木さんの裁判があると、頑張ってくださいという応援の声がいろんなところから寄せられる。筆坂さんを応援する女性も、みんな南朝なんです。南朝の人間には、自分たちのほうが正しいんだという信念がある。時期が来れば、かならずそれがみんなにわかってもらえるということも。だから、刑務所に行くことも怖くない。

――4人とも南朝の出身なんですね。さて、いちばん先に旅立たれる田中先生、いまの心境はいかがですか?

田中　いや、もう楽しんできますよ、ワシは。

佐藤　私も一応、執行猶予が付いてますが、どうなるかわからない。自転車で人をはねても、猶予は取り消しになりますからね。おとなしくしとれっということでしょ（笑）。

――田中さんは塀の中で反省するんですよね？

田中　もう反省しとるよ。そういえば、鈴木先生と佐藤さんは、もう本で反省しているね。

――おふたりの共著『反省　私たちはなぜ失敗したのか？（アスコム）』ですね。それにしても、あの本に出てる外務省幹部のお歴々の写真、みんな悪辣《あくらつ》な顔してますよねえ。

佐藤　私が選んだんです（笑）。本当に反省している感じでいいでしょ？

田中　あれで反省しているんならば、ワシも毎日、反省するよ（笑）。

鈴木　アハハ（笑）。

佐藤　いままで反省というタイトルの本が1冊もなかったんですよ。そんな題名の本は絶対に売れないと思われていた。でも、あの本は5万8000部売れましたよ。

鈴木　おー、そんなに行ったか！

崖っぷちの男たち、「どん底」からの再出発

――それでは、そろそろ本論に入りましょう。いままでは国策捜査の代表例のひとつになっている鈴木さんの裁判からお願いします。田中先生、元特捜検事から見ると、この裁判はどうなんですか？

田中　無罪の取りようがないやろ。はっきり言って、裁判官は聞く耳をもたないんだから。いったん検事調書ができると、もうどうしようもないというのが、いまの日本の裁判の実情だわね。

佐藤　裁判官は二審で鈴木さんが出された新たな資料を読んでいるんですか？

田中　そりゃー読んでるわ。でも、新しい証拠を受け入れるには、検事調書を否定しなくちゃいけないやろ。それにはかなりの理屈とエネルギーがいる。結局、日本の裁判は、検事調書至上主義なのよ。だから、起訴されたらアウト。客観的なアリバイとかが出てきたら別だけど。

鈴木　日本の場合ですね、起訴されたら99・9%有罪になるんですよ。こんなことで本当に法治国家と言えるのか。

佐藤　99・9%という数字は北朝鮮を抜いていると思う。ギネスブックに載せるべきですね（笑）。

――共産党政権下のソ連はどうでした？

佐藤　そんなに有罪率は高くなかったですよ。当時のソ連では、基本的に犯罪はないという建て前になっていましたから。犯罪は資本主義社会の搾取の構造から出てくるものだから、共産主義になればゼロになるという理屈です。

――元日本共産党ナンバー4の筆坂さん、同意見ですか？

筆坂　それはそうかもわかんない（笑）。

鈴木　問題はですね、裁判官が検察の言いなりになっているということなんですよ。公判での供述よりも検事調書の信用性が高いというんですから。神聖なる法廷の裁判長が、自ら裁判を否定している。それじゃあ、いかんでしょう。

田中　まったく同感です。

佐藤　法廷での証言は宣誓の下に行われますよね。だから、嘘の証言をしたら偽証罪に問われる。これに対して検事の取り調べではそんな縛りはないから、デタラメを言っても構わない。つまり、本来ならば、法廷での証言のほうが信用性は高いはずなんです。それなのになぜ裁判では、検事調書のほうが重視されるんですか？

田中 それはね、日本人は人前では本音を言わず、検察の取調室のような密室ならば、本当のことをしゃべる、という前提の下に法律ができているから。

佐藤 それだったら密室裁判をやればいい。裁判官が検察官を兼ねて、被告は弁護人なしでひとり。そのほうが手っ取り早い。

――それじゃあ、江戸時代の奉行所のお白洲《しらす》でありますｌｌ

鈴木 それとですね、検察の証人尋問は、証人を1週間前から呼んで、想定問答の練習をさせるんですよ。このことはこうしゃべれ、これは暗記しとけ、とか指示があるんです。

田中 それは証人テストといって、克明に一問一答を練習するのよ。検察庁では当たり前のこと。何時間も練習して一字一句暗記させて、公判に出すわけ。証人のほうからすれば、強要と一緒だわね。

鈴木 そうやって検事が証人に縛りをかける。練習のときと違うことを言ったら、偽証罪でお前がやられるぞ、と。だから、調書に合わせたとおりの証言になる。私の裁判では、島田建設の社長が、検察の言うとおりに証言せねばならない精神的重圧で脳梗塞で倒れましたよ。

田中　最初から検察のシナリオありき。それに全員が合わせていく。だから、鈴木先生がおっしゃったように、何を言おうと裁判官は聞き入れないのよ。

筆坂　裁判官は事なかれ主義の官僚主義なんですよ。検察批判は結構、出てきていますが、やはり裁判官に対する批判も必要だと思います。

例えば田中さんの最高裁判決を下した裁判長の横尾《よこお》和子《かずこ》。この人は元社会保険庁長官ですよ。使い込みした職員を刑事告発せずに、すべて内部で収めた女性です。こんな人間に果たして人を裁く資格があるのか。こういう裁判官批判をもっとやらなくちゃいけないと思う。

佐藤　『赤旗』がそのあたりを暴露しないといけないですよね。

筆坂　いや、おっしゃるとおりで、これは本当にやらなければならない。いまの裁判官は思考停止に陥ってますよ。

鈴木　そのとおりです。例えばね、最高裁は、一審は2年以内に終えなさい、それ以上、時間をかける者は裁判官として不適格です、というふうに指導しているんです。で、私の裁判の場合、平成14（2002）年11月11日に始まり、結審が平成16（2004）年11月5日。言われたとおりぴったりと2年間に収めてしまうんですね。

筆坂　一般論として、こんなことで日本の裁判はいいのか、というのを突きつけないとね。

佐藤　そのとおりです。鈴木さんに対して行われたような裁判がまかり通るようになれば、権力が気に入らない政治家は所属政党に限らず、片っ端から贈収賄で逮捕して葬ってしまえ、ということになる。このまま問題を放置していれば、そういう時代になってしまうんですよ。

筆坂　怖いですね。

――国策捜査は、やっぱり上からの命令、指示が出て行われるんですか？

佐藤　そうです。でも、あいつを逮捕しろ、などという指示が直接来ることはない。常に阿吽《あうん》の呼吸でやる。

筆坂　鈴木さんの時は、小泉政権から暗黙のゴーサインが出ましたよね。

佐藤　ええ、国会の答弁で小泉さんが言った「今後、鈴木さんの外務省への影響力は小さくなる」というやつですね。あれがなければ、流れはまったく違っていたと思う。

――検察はそれを聞いて、よっしゃ、ゴーサインだ、と見たんですか？

田中　ゴーサインとは思わないけど大体、その意は汲むわな。

佐藤　これはあまり知られていないことですが、新聞記者が権力中枢からのメッセージ伝達で重要な役割を果たしています。夜回りのときに誰かがオフレコで言ったことがメモでまわる。これを検察担当の記者たちも読む。いわば記者のオフレコのメモは、権力側が飛ばす伝書鳩のようなものです。

鈴木　そうなんですよ。

佐藤　だから、首相官邸が直接、指示しなくても、「鈴木を徹底的にやってしまえ。小泉政権には影響がない」という官房長官のオフレコでの発言が、メモの形で検察担当記者を経由して検事に行く。すると、首相官邸の意向はこうだな、と検察は読める。権力者限定の回覧板、ですね。

――国策捜査をするかどうかの決定には、国民の世論も背景にありますよね。

佐藤　ええ、地検特捜部も世論の動向は気にするでしょう？

田中　もちろんや。特捜は最強の独立捜査機関だけど、国民から必要以上に批判されたら困る。国民の間での信用がなくなれば、情報だって入ってこんようになるし。

筆坂　鈴木さんの事件のときは、まさに世論迎合だったね。

鈴木　マスコミはですね、反権力を謳《うた》っていても、権力側からの情報がないと仕事にならないんです。検察の流す情報の裏なんかとれない。だから、書くか書かないかは記者の判断。でも、書かないと次から相手にしてもらえなくなるし、そういう情報を記事にすればスクープになって会社の中で出世できる。で、スクープした記事は事件となり、リークした検事も出世する。とまあ、こういう構図なんです。

――なるほど。そうやって、権力とマスコミがもちつもたれつで世論工作するわけですね。国策捜査をしない、または捜査を中止するというのも上からのお達しがあるんですか?

田中　それは防衛省の守屋武昌《もりやたけまさ》元事務次官の事件と鈴木先生の事件を比較してみれば、ようわかる。守屋の事件では、あれだけウワサになっているのに、政治家はひとりも起訴されないやろ。永田町が守っているからや。

佐藤　田中先生が特捜検事時代に手がけた三菱重工CB事件（CB=転換社債）は、途中で捜査中止になりましたよね。あれは、日本の国が触ってほしくない話だった。三菱重工＝国家だから。

田中　あの事件の捜査が中止になったのは、自殺者が出たのが大きな原因だったけど、確かに捜査妨害はあった。権力中枢と関係しているような事件となると、かならずいろいろな形で潰しが入ってくる。政治家から直接にはないけど、検察上層部からくる。

佐藤　直接圧力をかけてくるようなマヌケは、権力の中枢には行けないですよ。国策捜査の指示と同じく阿吽の呼吸でやる。割を食ったのは守屋さん。何が悪かったのか……。

筆坂　誤解を恐れずに言えば、運が悪かった、ということでしょう（笑）。

　でもね、鈴木さんの場合、このまま裁判で有罪が確定したとしても、国民の世論というもっと広い土俵では勝っている。見事に国会議員に復活されているでしょう。裁判で負けても、本当に大事なのはそこだと僕は思っている。

佐藤　そうですね。ここで問題となるのは、社民党の辻元清美《つじもときよみ》議員ですよ。彼女は詐欺のようなことをやったと自分で認めて有罪となったのに、議員の資格を奪われない。その一方で、鈴木先生は、特捜のデッチ上げた政治資金規正法違反と贈収賄で有罪となると、刑務所から出ても5年間は議員に復帰できない。果たしてそれでいいのか。選挙で発せられる民の声をそんなふうに無視していいのか。

――田中さん、元弁護士として順当な判断ですか？

田中　いまの考え方は順当だと思うよ。

筆坂　僕もそう思う。民主主義の一番の道理は、選挙で有権者の一票で選ばれた人間は議員になれるということですよ。

田中　それにしても佐藤さんが切り開いた、いまのこの世界はすごいことでね。特捜に捕まった人間が、ベストセラー作家になって世間に持て囃《はや》されるなんて、こんなことい　ままであり得なかった。

――鈴木さんと佐藤さんの闘い方は、元特捜検事としてはどうですか？

田中　もうあっぱれとしか言いようがない。

佐藤　僕は逮捕された時、国家権力という最強の組織には絶対に勝てない、というところから始めました。ではどうやって闘ったらいいか。局地戦の土俵を作るしかない。しかも、その局地戦で勝つことではなく、五分に持ち込むことだけを考えた。

田中　いまは、互角以上に闘っているよ。

佐藤　でも、バカらしくなってくることもありますよ。現に裁判は7年を超えますからね。公判経費はかかるし、その間、就職もできないし。やっぱり悪魔のささやきが聞こえてきます。「もう認めちゃえよ。新しく出直したほうがいいよ」って（笑）。

田中　普通の人が拘置所の中に入れられたら、その悪魔のささやきは効果覿面《てきめん》や。でも、この人たちには効かんのよ（笑）。元特捜検事から言わせると、困ったもんや。

――（一同大爆笑）

邦

② 新しい日本をつくる意思

村上正
×
佐藤優

村上正邦

1932年生まれ。1980年に参議院議員に初当選。国会対策委員長を経て、宮沢改造内閣で労働大臣として入閣。その後、参院自民党幹事長、同議員会長を務める。野党にも及ぶ政治的影響力から「村上天皇」との異名をとった。KSD事件をめぐって2001年議員辞職。2008 年 3 月に実刑が確定。現在、某刑務所で服役中。

パクられて初めて気づく国家の仕掛けとは？

――村上正邦先生、収監前のいまのお気持ちをお聞かせください。

村上　上告棄却の通知を受けてこんな句を詠みました。

〝咎《とが》のなき我が背なを押し花嵐〟

私は、この裁判に負ければ死んでもいいという思いで7年間闘ってきました。最高裁は真相を明らかにし、かならず私が納得できる答えを出して下さると信じていた。でも、最後は「上告棄却」のたった4文字。私は決定に従って潔く刑に服しますが、真実を明らかにするため、歴史の法廷で闘いを続けますよ。現実に自分が裁かれる立場になって、特に検察の取り調べですが、本当にこれが法治国家のやることか、と思いました。

佐藤　田中角栄《たなかかくえい》先生、藤波孝生《ふじなみたかお》先生、中村喜四郎《なかむらきしろう》先生らが捕まったときに、取り調べですごいメチャを検察がやっていると思いました？

村上　思いも寄らなかったね。

佐藤　僕もそうでした。村上先生がもって行かれたときも、ちょっと脇が甘かったのかな、天狗になったのかな、くらいの認識しかなかった。自分がパクられて、えっ、こういうカラクリだったの!?　と初めてわかりました。村上先生に対する検察の取り調べなんて、本当にひどい修羅場でしたよね。話を聞いているだけで頭に血が上ってくる。

村上　ええ。検事はね、こんなことを言いましたよ。

「村上っ、お前は村上水軍の末裔《まつえい》だと全国まわって演説して、国民をだまして票をもらっていただろう。それが本当ならば家系図をもってこい。そうしたら信用してやる」

私が「俺が嘘をついているんなら、地獄の閻魔《えんま》さんに舌を抜かれるよ」と言ったら、今度は「閻魔大王に代わって、俺がお前の舌を抜いてやる」とくるんだから、ひどいもんです。取調室は無法の空間になってしまっている。

――刑事ドラマの取り調べシーンでもそんなのありませんよ。

村上　結局、国会議員のバッジを外して検事の前に立ったのが失敗だったんだよ。

――それは、どういうことですか?

村上　鈴木宗男さんと話したとき、彼は「私には検事は紳士的でした。人格を尊重した扱いを受けた」と言っていた。でも、それは彼がつけていた国家権力の象徴である議員バッジに敬意を表していただけ。
――なぜ先生は議員バッジを外されましたか？
村上 議員を逮捕するには、検察は国会に逮捕許諾請求をしなければならないんだが、本会議場という神聖な場でそんな汚れたことをさせたくはなかった。それからバッジをつけていると、検事は遠慮して思い切った取り調べができないんじゃないかと思った。こっちは何もやましいところはないから、議員という特権を捨てて、彼らに思う存分叩かせて身の潔白を証明したかったんだよ。
――が、それは間違っていた。
村上 そう。検察の取り調べはそんなきれい事が通用する世界じゃなかった。だから、鈴木さんや西村眞悟《にしむらしんご》さんが議員を辞職すべきかどうか悩んでいたときも、絶対にバッジを外すな、とアドバイスしたんです。議員じゃなくなったら、やりたい放題やられてしまう、とね。
佐藤 簡単に言えば、村上先生は水軍の末裔だから、武士の闘いをやった。それに対して鈴木さんと私は農民の闘いをした。みっともないと世間に思われてもバッジは外さない。マスコミからいくらバッシングされても、意に介さずふてぶてしく生き残る。農民は叩かれている間は頭を低くしておくけど、反撃のチャンスが来たらガーッとやるんですよ（笑）。

――とてもわかりやすいです（笑）。

死から生へ。復活の道程とは？

村上　俺はね、もう死んでもいいと思っているんですよ。死ぬならば塀の中で死のうと。

佐藤　まだ死なれちゃ困りますよ、先生！

村上　もう後期高齢者なんだから、いつお迎えが来てもおかしくないだろ（笑）。それに命をなくす時は天命だよ。

佐藤　最初に会った頃もそうおっしゃってましたが、われわれとしては、そうそう簡単に死なれるわけにはいかなかった。だから、村上先生には闘い方を変えてもらう必要があったんです。そこで鈴木先生も含めて３人で吉野へ行きました。

――どうしてですか？

佐藤　南朝の後醍醐天皇の魂に触れてもらうためです。私の理解では、後醍醐天皇は日本の歴史の中で一番、無念の思いをしています。私も村上先生も国策捜査で非常に無念な思いをしましたが、後醍醐天皇には及ばない。だから、吉野に行けば、村上先生や鈴木先生の中で何かが変わるんじゃないか、と。で、村上先生は吉永神社にある後醍醐天皇の像の前で、「私にもう一回チャンスを与えてください。死に場所を与えてください」とお願いした。すると後醍醐天皇の魂のおかげか、考え方を変えてくれて、積極的に自分が受けた屈辱、バッジを外した話、また事件の真相などを語っていこうと決意してくれました。

——村上先生は武士ですから、黙して語らずというタイプとお見受けしますが……。

村上　吉野に連れて行ってもらわなかったら、沈黙を続けたかもしれないな。

佐藤　村上先生には語ってもらわないといけなかった。あんなデッチ上げの捜査がまかり通るようでは、今後、政治を志す人間がいなくなってしまうでしょう。だから、私の尊敬するノンフィクション作家の魚住昭《うおずみあきら》さんに『証言　村上正邦　我、国に裏切られようとも』（講談社）を書いてもらい、思想のほうは僕と共著で『大和ごころ入門』（扶桑社）を出版しました。

村上　私も遺言のつもりで喋《しゃべ》った。この2冊がこれから志をもつ人たちの糧になってくれればと願っているよ。

われわれがしなければならないこととは？

村上　いま一番言いたいのは、徳川幕府は300年の時を経て、幕末には腐り果てて瓦解しましたが、戦後60年を経た自民党も幕府の末期と同じ状態にあるということ。自民党の議員にとって政治は家業のようなものになってしまっている。ほとんどが親から地盤を受け継いだ2世、3世議員でしょう。これじゃあ、人材が枯渇するのも当然なんだよ。では、民主党が倒幕を成功させた薩長かといえば、これも違う。あの党も2世、3世の議員ばかりだからな。

佐藤　最近、やっと小泉元首相の敷いた新自由主義なる改革路線ではダメだということが見えてきていますよね。

村上　あんなものは改革じゃない。外国のモノマネだよ。

佐藤　そのとおりです。木に竹を接ぐことはできないということをわれわれは忘れていた。竹を接いでしばらくちゃんと立ってるように見えていたら、その間に肝心の木がどんどん根腐れを起こしていた、というのが日本の現状なんです。その結果どうなったかといえば、給与所得者の中で年収200万円以下が1000万人を超えた。そのうえ、家庭内殺人が多発するようになった。現在起きている殺人事件の4割以上が、家族の間の殺し合いで、こんなことは世界でも珍しい。

村上　いま話題の「後期高齢者」の健康保険制度なんて、もうメチャクチャな話だよ。高齢者はどうせもうすぐ死ぬんだから年金なんかやることはないし、自分の治療費ぐらい自分で払え、ってことなんだから。こんな横暴を黙って見過ごすわけにはいかないですよ。

ロシアのプーチンがなぜ国民の80％以上から支持を得ていたのかを自民党はよく考えたほうがいい。

佐藤　そうですね。プーチンは国民がロシアはいい国だと思えるような国作りを目指して、まずお年寄りを大事にすると演説し年金の額を上げた。それから不正蓄財している会社のカネを取り上げて、それを全部、年金に回した。だから、あれほど人気のある大統領になったんです。

村上　小泉は郵政改革が改革の本丸と言っていたけど、あれはごまかしですよ。本丸はあくまで政治改革。政治家の特権を全部、削がなければダメなんです。

自民党は何かといえば、カネがない、財源はどうするんだと言う。でも、それぐらいのカネは政治をスリムにすれば、すぐに出てくる。議員数は衆議院200参議院50でい い、とある新聞に出てたけど、いいアイデアだと思いますよ。武士の時代には、藩の財政が困窮すると、まず殿様や家老から、すなわち上から節約して立て直しを図ったものです。でも、いまの腐った大半の政治家にはとてもではないがそんな真似はできない。

――お話を聞いてるとどんどん暗い気分になりますが、日本はどうしたらいいんですかね？

村上 いまの2世、3世の政治家たちに、もうこの国を任せておけない。だから、新しい母体、新しい皮袋を作る必要がある。前に佐藤さんと話したんだが、われわれはその皮袋を作る職人になろうじゃないか、と。

佐藤 問題は、いまの日本では価値観の基準がゼニカネになってしまっていることです。それを断ち切らないといけない。そのためには、村上先生が設立に関係した「ものつくり大学」の精神が非常に重要です。これを高校にも広げていく。勉強が好きじゃない子は別に高校なんか行かなくてもいいんですよ。その代わりに、例えばカリスマ美容師でも調理師でも大工さんでも、好きな道に進めるように保障して、そういった道を進んだ子たちも大切に社会で認めてあげる。そうやって棲み分けできる社会にして、バカな競争に歯止めをかけるんです。

村上　とにかく自民党政権を一度、ガラガラポンしなきゃダメだね。俺は自民党の五役を務めた人間だけど、いまの自民党を見ていると、本当にこれでいいのかと思うもん。

――参議院のドンだった先生の言葉には、さすがに重みがあります。

村上　それは人が言っていたこと。自分ではそう思っていなかった。

――でも、先生、刑務所に入ってもちゃんと出てきて、10年後に死んでくださいよ。塀の中で死んじゃダメですよ。

村上　花吹雪　我が一生の　試練なほ

と詠みました。

生きて、生きて、生きぬくよ。

第三章

男のテーブルは、すなわち諜報戦《インテリジェンス》である

才猪木
×
佐藤優

アントニ

——「ロシア的飲食術」とは何か？

アントニオ猪木

1943年生まれ。元プロレスラー、元参議院議員。モハメド・アリとの試合をはじめ伝説の試合多数。現在はIGFプロレスリングを立ち上げ日本に元気を注入する毎日。

［特別対談］「ロシア的飲食術」は、命懸け

猪木氏だけが入り込めたクレムリンの奥の院

佐藤 モスクワ時代、アントニオ猪木《いのき》先生のおかげで、誰も接触できなかったクレムリン中枢にいる要人に会え、重要な情報を得ることができました。改めて御礼申し上げます。

猪木 いや、こちらこそ。佐藤さんには大変世話になったよ。

佐藤 ソ連ではプロレスはブルジョアの商業スポーツということで禁止されていたんですが、猪木・アリ戦の16ミリ・フィルムが出回っていて、ロシア人の間でも猪木先生は伝説的な存在だったんです。だから、普通じゃ会えないような人間でも、先生の名前を出せばふたつ返事でOKみたいなところがありました。議員であれほどクレムリンの奥の院まで入り込んだ人は、猪木先生だけでしょうね。

——どんな重要人物と会見できたんですか？

佐藤　当時、絶対に会えないと言われていた人間が2人いたんです。大統領警護局長のアレクサンドル・コルジャコフ、そしてエリツィンのテニスのコーチから大統領顧問に出世していたシャミル・タルピシチェフです。このタルピシチェフは猪木先生が会いたいと言ったら即座に承諾してくれた。で、クレムリンの広場で行われた彼主催のアメリカ対ロシアのバスケットボールの試合を見に行ったんです。

猪木　あの日は天気が悪かったんだよな。すごい雲が出てきて。

佐藤　ええ、雨まで降り始めちゃった。そうしたら、その場にいたタルピシチェフが、戦略防空軍の司令官に「ちょっとクレムリン上空の雲を散らしてくれ」って電話した。しばらくすると飛行機が飛んできて、15分くらいでパーッと晴れた。

——そんなことができるんだ！

佐藤　ヨウ化銀をまくんです。そうすると雨雲が吸い取られて天気が良くなる。ロシア人が猪木先生に、「ロシアにはいろいろな技術があるけど、天気を変える技術は世界で一番進んでいる」とか自慢してましたよ。

1991年には副大統領のゲンナジー・ヤナーエフと猪木先生はサシで50分会見して

ますが、普通、議員の資格の人が副大統領と2人で、それも50分も会うことはあり得ない話です。その時、僕は通訳として先生に同行して、非常に貴重な情報を得ることができました。

――どんな情報だったんですか?

佐藤 その1ヵ月後にヤナーエフたちが反ゴルバチョフ・クーデターを起こしたんですが、その時の会見で、クレムリン内部でのゴルバチョフに対する不満が強いという空気を感じ取ることができた。これがクーデター最中の状況判断に非常に役立ちました。

猪木 本当にもったいない存在ですよ、佐藤さんは。オレも佐藤さんにはいろいろ教えてもらったけど、その時々の言葉のニュアンスとかで内部で何が起きているかかぎつけてしまうんだから。

佐藤 僕も猪木先生には大事なことを教えてもらいましたよ。例えば先生は酒を徹底的に飲ますか賭博場へ連れて行けば、すぐに相手の性格がわかる、とおっしゃってましたが、確かにそのとおりでした。それにしても一度、先生が日本に帰国される日にロシア人たちとやったウォトカの飲み勝負、あれはすごかったですね。

猪木 ああ、そういうこともあったな(笑)。

――猪木さんと佐藤さんといったら、ウォトカ飲み対決の最強タッグ！

佐藤　最強かどうかはわからないけど、いまでもよく死ななかったと思いますよ（笑）。あれは急性アルコール中毒で死ぬコースでしたから。

猪木　なにしろレストランに入って手も洗わないうちに飲まされたからね。最初は小さなグラスだったのが、２～３杯飲んだら花瓶みたいなグラスに変わった。

佐藤　あっと言う間に6～7本空いちゃいましたね。

猪木　もう空港に行かなきゃいけない時間なのに料理まで用意してあってさ。ところが相手のロシア人がいい加減なヤツで、「われわれが今回、一生懸命やったおかげで、猪木氏の訪問は大成功に終わった」とスピーチした。そうしたら、佐藤さんが怒りだしてね。「この野郎、みんな一気に飲ませて殺しちゃいましょう」って。オレはもう帰るって言ったんだけどさ（笑）。

――でも、やっちゃおうかと（笑）。

猪木　そうしたら連中は、「まだこれから仕事があるから」とかゴチャゴチャ抜かしはじめた。だから、「そうかよ、オレたちは酒を飲む時はいつも真剣勝負だ」って煽《あお》ったら飲みはじめた。だけど、１杯じゃ死なないじゃん。それで佐藤さんが、どんどん飲ませましょう、もうすぐ死にますからって（笑）。そんなことしているうちに、こっちも危なくなってきた。すると、ウォトカがもうないと言い出した。

佐藤　レストランにあるウォトカを全部飲んでしまったんですよね。

猪木　だから、ちょうど、車に10本積んであったから、もってこさせたんだ。オレは、大きな花瓶みたいなので6杯飲んだところまでは覚えている。

佐藤　それで猪木先生、気がついたら成田空港だったんですよね（笑）。

猪木　うん。でも、佐藤さんは、オレと一緒に飲んでいたのに、ちゃんと空港へ先に行って搭乗手続きしてくれたんだよ。さすがにこの男はすごいと思った。

――じゃあ、猪木先生の佐藤さんの第一印象は、酒の強い男ですかね。

猪木　それだけじゃないよ。やっぱり目つきが悪いじゃん（笑）。

――（一同大爆笑）

サシでの飲食でとる情報こそ重要

佐藤　ウォトカを大量に飲むにはコツがあるんですよ。むこうで売っているグルジア産の「ボルジョミ」という塩辛いミネラルウォーターがあるんですが、ウォトカを一気飲みした後、この水を飲むんです。そうするといくらでも入る。

猪木　敵サンは乾杯のときに、水を入れたりジュースを飲んだりしてごまかしていたよな。

佐藤　そういう時はグラスを交換するんです。おまえのグラスでいこう、と。ところで先生、ボイチェフスキーは覚えてます？

猪木　ああ、覚えているよ。

佐藤　あいつも面白かったですね。先生が彼に「おい、お前は一体、何者だ？」と言ったら、パスポートを見せてきたんです。そこには、在朝鮮民主主義人民共和国ソビエト連邦大使館参事官、と書いてあった。こいつも殺さないといけないか、って感じになったら、もう必死に、

「私は学者です！　信じてください……諜報関係者ではありません！　カンベンしてください！　死んじゃいます！」

構わずガンガン飲ませました（笑）。

でも、あの飲み会があってから、ロシア人たちもこっちの気合を思い知ったのか、われわれをナメなくなりましたね。

猪木　お互いの本音をさらけだすところまで、酒をとことん飲む。それくらいの勝負ができなければ、外交なんてできないんだよね。それにはやはり体力、いりますよ。
　本当の外交というのは、「さし」でやるしかないんだから。CNNを見ていれば、情報は入ってくる。でも、外交では「さし」で飲み食いして得た情報こそ重要なんだ。人間と人間の付き合いが、やっぱり外交でも大事なんだよ。それには結構、カネがかかる。相手からメシに招待されたら、こっちもお返しに招待しなければならないじゃん。そういうことをちゃんとしなかったら、サラリーマン外交しかできない。CIAとかが何をしているのか、オレはよくは知らない。でも、彼らの情報収集活動でも飲んだり食ったりが非常に重要視されているはずだよ。

キューバ・カストロ首相と、北朝鮮のCIA長官

佐藤　猪木先生はキューバのカストロともメシを食ってますよね。
猪木　うん。オレが一緒にメシを食った中で一番の大物がカストロかな。
佐藤　先生がカストロから島をひとつもらったのはその時ですか？

猪木　もらったというか、オレの名前をつけてくれたんだよ。「友人猪木の島」って。そこはトレジャー・ハンターの夢の島なんですよ。海賊船の水の供給基地だったから、周辺に海賊船が75隻くらい沈んでいるから。

そういえば、北朝鮮で金容淳さんとメシを食ったときも面白かったな。あの時、まずオレが、「北朝鮮はミサイルを日本に向けている」って話したら、気まずい雰囲気になっちゃった。で、とりあえずメシにしましょう、お互いの信頼を醸成したら解決されますよってことになった。

それで今度は、「日本のミサイルも北に向いている」と言ったんだ。むこうの顔色がサッと変わったね。すかさず、「北朝鮮には美人が多いから、日本男児の股間のミサイルがみんなこっちに向いてるんだ」ってやったら、大笑いになって打ち解けたよ（笑）。

佐藤　いまでこそ明らかになっているんですが、その金さんは、朝鮮労働党調査部第35室室長、すなわち北朝鮮のＣＩＡ長官でした。

猪木　ハハ（笑）。世の中のすべてには裏と表が存在するもんだよ。それを認めないから、日本人は物事が見えなくなっちゃっている。日本の国が外交でやっているのは、きれい事ばかりだろ？　でも、世界はきれい事で動いてるんじゃない。いろんな欲望がぶつかり合って動いているんだよ。そこのところをちゃんと押さえていないと、世界の動きは見えてこない。

佐藤 欲望というものを無視したら、本当にきれい事になってダメですね。

猪木 そう。世界にはいろんなルールがあるし、接待の仕方も違う。だから、オレは外国に行ったら、そこの食事を食うんだよ。

佐藤 先生のいま言ったことは非常に重要です。その土地の食べ物を食べるのは、相手に対して敬意を表することになるんです。

——なるほど。でも、とんでもないものが出てくることもありそうですね（笑）。猪木先生と佐藤さんの世界の食い物との格闘名勝負を聞かせてください。

猪木 ペルーでこういうことがあった。フジモリさんが大統領のときでさ、行ったときにちょうど、赤痢が流行《はや》っていたんだ。

で、バーベキュー・パーティーがあったんだが、ヤシの木の根元に水溜まりがあって、そこで皿を洗ってんだよ。その皿で料理を食べないといけないわけ。こりゃ、まずいと思った。ついてきた新聞記者たちは、みんな黙ってオレの顔を見ている。オレが食ったら、彼らも食べないといけないからな。だけど、オレが食わないわけにいかないから、もういいやって覚悟して食ったんです。

佐藤　結果は？

猪木　大丈夫だったよ（笑）。

佐藤　先生は、羊関係でひどい目に遭ったことはないですか？　僕がブリヤートという
ロシアの中のモンゴル人が住んでいる共和国に行った時、現地の人たちが羊を潰してく
れて、みんなで食べたんです。

　その中に腸のソーセージがあったんですが、なんかね、おウンコの臭いがするんです。
横にいた若いヤツも「すっごい臭いですね。便所の臭いじゃないですか」とか言ってい
る。

　要するに小腸でしょ。

食べている部分には、消化された草がおウンコ様に変わる寸前のモンが入っているわ
けです。で、噛み切ったら、白魚みたいなのが出てきた。何だと思ったら回虫でした
（笑）。あれは一番すごかった。

猪木　オレも羊はいろんなところで食べたけど、それはなかったな（笑）。

佐藤　その後で寺院に行ったんです。そうしたら今度は、これは頭の良くなる水だって

薬缶《やかん》が出てきた。

その薬缶、緑青《ろくしよう》で真っ青になっているんですよ。そこからコップに注がれた水は、昔のメロン・ソーダみたいな色でした。それを飲めと言われまして。

猪木 体はどうだった？

佐藤 全身衰弱みたいな感じになりましたね。

猪木 オレもペルーではすごいの飲んだよ。バアさんが壺の中でツバと混ぜて作る酒があるのよ。そうやって発酵させるんだ。その白っぽい酒を飲まされてね。

佐藤 一気にいかれました？

猪木 さすがにグイッとはいかなかった（笑）。

佐藤 外国で、もてなしてくれる相手に敬意を表すのは本当に命がけですよ。

ところで先生、最近、若者教育とかってどうしてます？

猪木 いろいろ相談に来ますよ。それにしても、オレのビンタももうすぐ20年になるのに、いまだに街を歩いているだけで行列ができてイベントみたいになっちゃう。なんでオレのビンタなんだろうって思うんだけど、結局、みんな元気がなくなってるんだよ。普通、これだけ不景気だったら、暴動のひとつやふたつ起きてもおかしくない。でも、一向に起こる気配もない。怒る元気さえないんですよ。

――それでは最後に、いまの貧困社会に生きる若者たちへのメッセージをお願いします。

猪木　まず第一に、卑怯なマネはするな！　自分の言葉に責任を持って堂々と生きろ！　最近はネットなんかでも、匿名で人を中傷するようなことが平気で行われているだろ。ああいうのは最悪の行為だということを知れ。

佐藤　卑怯、という感覚をもつことは大事ですよね。国際社会でもロシアでも、お前は卑怯だ、と言われたら、なんだと!?　とケンカになる。いまの日本人はもう少し卑怯という言葉に敏感に反応するようにならないといけない。

猪木　そのとおり。それから佐藤さんみたいに世界的な視野で物事を見ろ！　それも本で読んだりするだけでなく、自分で行動して体験しろ！

最後に元気を出せ！　元気がなければ、行動的になれない。行動しなければ、人生で最も重要な運も呼び込めない。

やっぱり若者なら、佐藤さんみたいに勢いよく小便が出せるようにならないとダメだ。モスクワでツレションした時、こっちにシブキがかかって大変だったよ……。

――（一同爆笑）

第四章

歴史の見方が変わる諜報的読書術《インテリジェンスどくしょじゅつ》

――「蟹工船」化する現代日本を読み解く

世

×

藤優

筆坂秀

佐

初めて『蟹工船』を読んだ日

13歳・中1だった佐藤優さん
18歳・共産党に入党したばかりの筆坂秀世さん

――佐藤さんが初めて小林多喜二《こばやしたきじ》の『蟹工船《かにこうせん》』を読んだのはいつですか？

佐藤　13歳のときに、塾の先生から薦《すす》められて読みました。僕はたまたま親戚が共産党嫌いだったので、社会党左派の人たちと付き合っていて、マルクス主義に触れた。だから、どうしても『蟹工船』は批判的に読んじゃうんです。もし筆坂先生が親族だったりしたら、高校の時に共産党に入っていたかもしれないですね（笑）。

――筆坂さんが初めて読まれたのは？

筆坂　共産党に入りたての頃だったから、18〜19歳のときです。最初に読んだときは、何の抵抗もなくすっと読めたんですが、今回、対談があるので読み返してみたら、なかなか進まない。なんでだろう、と考えてみたんですが、やはりこれはあまりにも素朴な革命小説だからなんです。労働者が虐待されて、そして立ち上がって、失敗もするけれど、懲りずに立ち向かっていく。その中でいろいろ闘い方を学んでいき、最後は正義が勝つということを予感させて終わる。若い頃はそこに共感した。実際、共産党に共感した人間にはものすごく読みやすい物語なんです。

もうひとつ若い頃の僕が共感したのは、登場人物たちの吐く「俺たちが働かなかったら、一匹の蟹だって金持ちの懐に入っていくか」とか「(船も)水夫と火夫がいなかったら動くか」といったセリフです。蟹工船のような糞壺に入れられている人間でも、実はかけがえのない存在なんだということが描かれていた。こういう、俺たちが社会の主役だ、という思いに共感して僕は共産党に入党したんですよ。

佐藤　筆坂先生が最初に読んだ頃は、日本共産党を中心とする運動が一歩も二歩も進んでいると信じられていましたからね。そして、近い将来、民主連合政府ができて、国がすべての面倒を見てくれて、家も保障してくれる、と。

筆坂　だから、僕は40歳のちょっと手前まで家を買わなかった(笑)。

——民主連合政府の未来はないと判断されたんですね。

筆坂　未来はないというより、現実には遠のく一方でしたからね。当時は「１９７０年代の遅くない時期」と言っていましたが、いまは共産党自身「21世紀の早い時期に」と言っています。不破哲三《ふわてつぞう》さんが僕に言ったことがありますよ。「21世紀の早い時期」だから「まだ50年ある」とね（笑）。

――だから、いま読み返してすんなりと読めなかったんですね。その絵に描いたような革命小説が21世紀の日本で爆発的に売れている。どうしてでしょうか？

筆坂　調べてみたらね、これまでもずっと毎年５０００冊ぐらい売れていたらしい。プロレタリア文学の中でこんな動きをしている本は他にないですよ。

佐藤　いまの日本人には『蟹工船』に書かれているようなことと現実がこれに極めて近い状況にあるということだと思います。

なぜ、いま『蟹工船』が共感されるのか？

21世紀にも通ずる20世紀の下請け労働地獄

――どこに、読者は親近感を感じているんですか？

佐藤　たとえばここ。58ページ（新潮文庫、以下同）。

「畜生、困った！　どうしたって眠《ね》れないや。」と、身体をゴロゴロさせた。「駄目だ、伜が立って！」

「どうしたら、ええんだ！」――終《しま》いに、そう云って、勃起《ぼっき》している睾丸《きんたま》を握りながら、裸で起き上ってきた。大きな身体の漁夫の、そうするのを見ると、身体のしまる、何か凄惨《せいさん》な気さえした。度胆《どぎも》を抜かれた学生は、眼だけで隅の方から、それを見ていた。

夢精をするのが何人もいた。誰もいない時、たまらなくなって自瀆をするものもいた。

——棚の隅にカタのついた汚れた猿又《さるまた》や褌《ふんどし》が、しめっぽく、すえた臭《にお》いをして円められていた。学生はそれを野糞のように踏みつけることがあった。

——それから、雑夫の方へ「夜這《よば》い」が始まった。バットをキャラメルに換えて、ポケットに二つ三つ入れると、ハッチを出て行った。

便所臭い、漬物樽《つけものだる》の積まさっている物置きを、コックが開けると、薄暗い、ムッとする中から、いきなり横ッ面《つら》でもなぐられるように、怒鳴られた。

「閉めろッ！　今、入ってくると、この野郎、タタキ殺すぞ！」

佐藤　このリアリズム。野糞を踏みつけるみたいなところがあるでしょ。このあたりは小林多喜二の等身大の目だと思う。

筆坂　なるほど。ニートやフリーターが共感するのは、自分がパラサイトしている4畳半、6畳の部屋の空間が蟹工船の船室と同じなんじゃないか、ということですね。
——年上のこわい兄ちゃんにガンガンと尻穴を掘られるのは、いまでも現実的な世界ですよ。女は見向きもしてくれないから、男の尻穴が欲望のはけ口となる。

筆坂　リアリティあるよね。

佐藤　次が、94ページにある「心得」。

箸《はし》では食いづらいボロボロな南京米に、紙ッ切れのような、実が浮かんでいる塩ッぽい味噌汁《みそしる》で、漁夫等が飯を食った。

「食ったことも、見たことも無《ね》えん洋食が、サロンさ何んぼも行ったな。」

「糞喰え――だ。」

テーブルの側の壁には、

一、飯のことで文句を云うものは、偉い人間になれぬ。

一、一粒の米を大切にせよ。血と汗の賜物《たまもの》なり。

一、不自由と苦しさに耐えよ。

振仮名がついた下手な字で、ビラが貼《は》らさっていた。下の余白には、共同便所の中にあるような猥褻《わいせつ》な落書がされていた。

飯が終ると、寝る迄の一寸《ちよつと》の間、ストーヴを囲んだ。


佐藤　秋葉原で17人を死傷させた刃物青年は、女の話より食い物の話が多い。「今日もビールを買ってきた。また、コンビニ弁当だ」

それで、鶏肉なんかを残す。米どころか鶏肉まで残すわけ。自由と苦しさに耐えようとしない。全部、「心得」に反していますよね。いまの日本の社会も、これに反するヤツは生き残っていけない。だから、いまの日本はまさしく蟹工船の中なんですよ。

それから66ページ。


「飛んでもねえ所さ、然し来たもんだな、俺も……。」その漁夫は芝浦の工場にいたことがあった。そこの話がそれから出た。それは北海道の労働者達には「工場」だとは想像もつかない「立派な処」に思われた。「ここの百に一つ位のことがあったって、あっちじゃストライキだよ。」と云った。

その事から――そのキッかけで、お互の今迄《まで》してきた色々のことが、ひょいひょいと話に出てきた。「国道開たく工事」「灌漑《かんがい》工事」「鉄道敷設《ふせつ》」「築港埋立」「新鉱発掘」「開墾」「積取人夫」「鰊《にしん》取り」――殆《ほと》んど、そのどれかを皆はしてきていた。

――内地では、労働者が「横平《おうへい》」になって無理がきかなくなり、市場も大体開拓されつくして、行詰ってくると、資本家は「北海道・樺太《からふと》へ！」鉤爪《かぎづめ》をのばした。其処では、彼等は朝鮮や、台湾の殖民地と同じように、面白い程無茶な「虐使《ぎやくし》」が出来た。然し、誰も、何んとも云えない事を、資本家はハッキリ呑《の》み込んでいた。「国道開たく」「鉄道敷設」の土工部屋では、虱《しらみ》より無雑作に土方がタタき殺された。虐使に堪えられなくて逃亡する。それが捕まると、棒杭《ぼうぐい》にしばりつけて置いて、馬の後足で蹴《け》らせたり、裏庭で土佐犬に噛《か》み殺させたりする。それを、しかも皆の目の前でやってみせるのだ。肋骨《ろつこつ》が胸の中で折れるボクッとこもった音をきいて、「人間でない」土方さえ思わず顔を抑えるものがいた。気絶をすれば、水をかけて生かし、それを何度も何度も繰りかえした。終いには風呂敷《ふろしき》包みのように、土佐犬の強靱《きようじん》な首で振り廻されて死ぬ。ぐったり広場の隅に投げ出されて、放って置かれてからも、身体《からだ》の何処かが、ピクピクと動いていた。焼火箸《やけひばし》をいきなり尻にあてることや、六角棒で腰が立たなくなる程なぐりつけることは「毎日」だった。飯を食っていると、急に、裏で鋭い叫び声が起る。すると、人の肉が焼ける生ッ臭い匂《にお》いが流れてきた。

「やめた、やめた。――とても飯なんて、食えたもんじゃねえや。」

箸を投げる。が、お互暗い顔で見合った。

――これは、すべていまの格差社会の底辺の職業に置き換えられますね。正社員は車や家が買えて、女とデートできて結婚できる。非正社員はそのすべてができない。

佐藤　問題は、いまではそういうことに対する不満が労働運動で条件を改善していくとか、革命に向けた運動とかにつながっていないんです。「そんなうまくいっているヤツらをブン殴ってやりたい」という方向に不満のエネルギーが向かっている。

筆坂　それはあるね。拳銃をもっている監督を皆で殴り倒す代わりに、秋葉原というなんでも買える夢の町で、それが全部買える幸せなヤツらをブッ壊してやろうというのが、いまの現実。

佐藤　労働運動や政治活動ではなくバンダリズム（破壊活動）になっている。もっとも、これは世界的な共通現象です。

筆坂　バンダリズムにも、たとえ主観的とはいえ展望がある場合とない場合の2種類があるんじゃないですか。そこが昔と違う。『蟹工船』も売れているが、『資本論』も脚光を浴びているとも解釈できます。実際、的場昭弘《まとばあきひろ》さんの『超訳『資本論』』が5万部売れている。ここには共通項があって、いずれも資本主義社会とはいかなるものなのかを知るための素材として注目されても、それじゃ、社会主義に変えていきましょう、という運動とは完全に切り離されているんです。共産党にとってチャンスなのだが、大きな溝もある。

――昔は『蟹工船』の先に、共産党主導の革命運動に向かう渡り廊下があったんですね。

筆坂　ええ、いまはそれがない。だから、若者を党に結集できない。共産党によるとこの10ヵ月間で9000人も党員が増えたというが、問題は年齢層なんです。相変わらず年配の人が多いのであれば、『蟹工船』も党勢拡大につながってないということになる。資本主義も問題が多いが、社会主義が大衆を引っ張っていくイデオロギーとしての力を失っちゃったのよ。

佐藤　実は、筆坂先生は21世紀の小林多喜二になり得た存在だったんです。小林はすごくいい人でした。だから、エリート銀行マンで将来は保障されていたにもかかわらず、同じ街に蟹工船の労働者がいて、人身売買のようなことも行われていたことに疑問を持ったところから日本共産党に入った。筆坂先生も高校を出てから、銀行で真面目に働きながら共産党に入党し、労働運動の現場で叩き上げて、党のナンバー4まで出世しました。いずれナンバー1になっていたかもしれませんね。資本主義最前線の銀行マンから共産党員になったということで多喜二と似ているんですよ。

筆坂　ほめすぎです（笑）。それはともかく小林多喜二が読まれるのは、彼自身の個人的魅力も大きいと思う。『蟹工船』でも露骨な性描写が出てきますが、酌婦の田口《たぐち》タキに惚《ほ》れるというのも非常に人間的です。こんな幹部がいまの共産党にいたら、「社会的道義に反する」と批判されちゃいます。共産党の枠を超えた人だったんですよ。

21世紀のレスキュー船は、存在するのか？

――20世紀初頭に『蟹工船』の読者を救ったのは共産主義でしたが、ソ連が崩壊してしまったいまの世界に生きている読者には、どんなハッピーエンドがあるんですか？

筆坂　まず第一に、いまの日本経済、社会は壊れている、という認識をもつ必要があると声を大にして言いたい。例えば肉やウナギの偽装が大問題になっています。マスコミは、こういう個別の偽装を大々的に問題にしていますが、もっと大きな偽装もある。キヤノンをはじめ大企業で偽装請負がありましたし、人材派遣でも偽装があった。「管理職」偽装もあります。消えた年金では、厚生労働省は「偽装公約」をしました。公約違反は政治上の偽装です。日本の政治経済全体が偽装のうえに成り立っているということです。勝谷《かつや》誠彦《まさひこ》ではありませんが、まさに「偽装国家」になってしまっている。

『蟹工船』でも「一会社の儲仕事と見るべきではなく、国際上の一大問題」だとか、「日本国内の行き詰まった人口問題、食料問題に対して、重大な使命をもっている」なども監督の口から壮大な偽装が語られる。偽装の犠牲になるのは若者たちです。だから、肉屋相手のちまちました運動ではなく、「偽装国家打倒」「偽装企業打倒」の運動を提起したい。

――根本的な部分からブッ壊していくということですね。

佐藤　僕は、「資本家の良識」がいまの社会を変えるのに必要だと考えています。ロックフェラー1世がこう言っている。

「石油王になるのは簡単。問題はそれを2代目、3代目に財を残すことができない。それを可能にするには、2つのことをしなければならない」

そのひとつとは、莫大な財産があると国家が警戒するから、まず国の役に立つことをしなさい。もうひとつは、一般市民からのヤキモチで叩き潰されないように、チャリティーなどで金をばら撒きなさい。一族が生き残るために、この2つを家訓として残した。2世、3世たちは、その家訓を忠実に守っている。

――日本の金持ちはそれ、やってますか?

筆坂　いままで、そういうのはないよね。そもそも日本で年収50億とかいったら、猛烈な批判にさらされて潰されちゃう。アメリカとは違います。

佐藤　ええ、日本の社長ではロックフェラーのやり方はできません。税金抜かれたら年収は2500万円前後ですから。では、どうするか？　個人ではなく会社がやればいい。社会主義ならぬ会社主義です。会社が発想を変えて、大きいことを考えるしかない。労働者と資本家がもっと仲良く愛情をもって付き合いましょう、という友愛クラブ的な発想です。

筆坂　クリスチャンらしい発想だね。問題はその「良心」をどうやって発揮させるか。競争社会の中で、果たしてそれが可能かどうか。

佐藤　発揮させせないといけない。頭のいいヤツは、現状を資本主義体制の危機と感じています。金持ちがどんどん税率の安い外国へ逃げてるでしょう。この間、木村剛《きむらたけし》さんと話していた時、秋葉原事件について「今回は怖いですね」と言っていました。貧困対策を政府がちゃんとやらないと、金持ちは怖くて皆、日本から出て行ってしまう。

昔の資本家や政治家には、やりすぎはいけない、これ以上やると反発があるとか自らにブレーキをかけていたようなところがあった。ところが、いまは目先の金を増やすことがすべてになっちゃってる。すべてカネに換算して考えるようになっている。

――まさに蟹工船の船内ですね。ただし、あそこは、バットという煙草、キャラメル、そして、タオルが基礎通貨ですが。

佐藤　同じ金に換算するのでも、イギリスは面白いシステムの導入を考えています。二酸化炭素の排出量を金に換えるカーボン・カレンシーです。

——なんですか、それは？

佐藤　これはね、一人ひとりが各自、たとえば1000点ずつもっている。で、Aさんはハイブリッド・カーを運転していて、1回の給油でガソリン1リッターで1点、Bさんはガソリン・カーだからリッター2点、金持ちのCさんはポルシェに乗っていて、リッター5点取られる。当然、Cさんはあっと言う間に1000点使ってしまいますよね。するともうガソリンを売ってもらえない。

どうするか？　車をもっていない貧困層から、カーボン・カレンシーの点数を買うわけです。Cさんは、それでまたガソリンを買えるし、貧困層の人には現金が入る。

——金が自動的に金持ちから貧困層へ還流するんだ。

佐藤　そう。やはり資本主義システムに抜本的に手をつけない限り、『蟹工船』的状況は日本に次々と出てきます。会社のために労働者を現場でこき使う立場にいる人間でも、いつどうなるかわからない。『蟹工船』でも労働者を虐待して働かせていた会社に忠実な監督を、会社は無慈悲にも一文の金も与えずにクビにするでしょう。『蟹工船』には、浅川監督の運命についてこう記されています。

それから監督や雑夫長等が、漁期中にストライキの如《ごと》き不祥事を惹起《ひきおこ》させ、製品高に多大の影響を与えたという理由のもとに、会社があの忠実な犬を「無慈悲」に涙銭一文くれず、（漁夫達よりも惨《みじ》めに！）首を切ってしまったということ。面白いことは、「あ——あ、口惜《くや》しかった！　俺ア今迄《まで》、畜生、だまされていた！」と、あの監督が叫んだということ。

なんて叫んでも後の祭りです。結局、監督も労働者に過ぎなかったということです。労働者の中で主任とか、店長、監督とか少し差をつけて回しているだけ。

——それじゃ、名だけの店長で、残業代のつかないファストフードの店長と一緒だ！

佐藤　ええ。だから、店長さん中心に皆で大変な状況を切り抜けているファストフード、コンビニ、ファミレスの店長は皆、本質はこの蟹工船の監督と同じです。

――全然、進歩してませんね。

佐藤　18世紀イギリスのデイビッド・ヒュームという哲学者がこういうことを言っている。

「太陽が明日、出てくるという確実な保証はない。だから、誰も信じてはいけない。宗教も信じてはいけない。永久に振り子が行ったりきたりしているだけだ」

――良い時と悪い時を行ったり来たり、進歩なし。

佐藤　そのとおり。

『蟹工船』の次は何を読めばいいか？

――対談そのものの空間が蟹工船の船室になってきた気がします。なんとか明るい方向に導かれるような書籍のご推薦はないですか？

筆坂　さっきの『超訳『資本論』』に加えて、河上肇《かわかみはじめ》の『貧乏物語』（岩波文庫）。これも面白い。もうひとつは、関岡英之《せきおかひでゆき》の『拒否できない日本』（文春文庫）。日本の政治も経済も、ずっとアメリカの影響を受けている。ワーキングプアの問題もやはりアメリカ発の新自由主義の影響があります。それは、知っておいたほうがいい。

佐藤　『貧乏物語』は、階級闘争を説いていないんですよ。その後、河上さんは共産党に行ったので、階級闘争史観に立つようになった。

筆坂　『貧乏物語』では、貧困の問題がなぜ起きるかを簡単に言うとね、金持ちが贅沢して、宴会ばかりやっているからだ。だから、金持ちが贅沢や宴会の数を減らして貧しい人たちに金を回せば、うまくいくと説いている。河上自身、その後マルクス主義に傾倒し、この本は絶版にします。それでも貧乏に注ぐ河上の視線が大事なんです。マルクスは、昔から貧困は政治や経済の構造によって生まれてきたと説いた。なぜこうなってしまったのか、資本主義の縮図を知ってもらうために、この3冊はいいと思いますよ。

それからね、若者たちに言いたいのは、もっと自分を大事にしてほしいということ。私もそうだったけど、若い頃は、自分の存在意義というのを見いだせないものです。生まれてきたことを呪うことさえある。あるいはちっぽけな自分を卑下し、「自分なんかこの世に必要のない人間だ」と考えてしまう。

数年前、歌舞伎町のクラブで飲んだとき、こんな話をしたことがあるんです。

「君らはね、自分はこの社会に必要ではない人間だと思ったり、なんの値打ちもない人間だと思ったりすることがあると思うけど、絶対にそんなことはないんだよ。この世に無駄な生命というものはないんだ。植物も動物もそう。一人ひとりすべて必要な生命なんだ。

だから、まず自分を大切に思いなさい。自分はこの社会に必要な存在なのだと自信をもちなさい。自分を大切にせずして、他人を大切にできないのだからね」

みんな涙ぐんで話を聞いてくれました。

——佐藤さんの推薦図書は？

佐藤　昭和18（1943）年に桜井書店から出版された『歴史存在論の研究』。武市健人という東北大学の先生が書いた本です。

筆坂　図書館で探さないとね（笑）。

佐藤　これを読むと何か考え方が変わるかもしれない。武市は戦時ファシズムに対してギリギリのところで抵抗した人です。いろいろ表現を気をつけていますが、国のために死ぬな、という意味のことを書いています。当時、日本を変革するためにファシズムの処方箋が声高に叫ばれていた。務《む》台《たい》理《り》作《さく》や新明《しんめい》正道《まさみち》とかは、これからは全体主義の時代だぞ、なんてことを言う。例えば、河出書房から1939年に出た『二十世紀思想　第八巻　全体主義』という本の中に出てくる厚生経済学のヴィルフレド・パレートという人も社会福祉をファシズムで実現しようとしていたことについて書いている。

世の中は大変なことになっている。資本主義の負の側面を乗り越える健全な思想を立てないと、戦争で乗り越えろ、などという話になってしまう。そっちの方向に進まないように、ギリギリがんばったのが武市健人なんです。問題は、いまの日本も似たような状況になってきていることです。ニートとフリーターといった下層社会の住人たちの救いは、戦争になりつつある。

――全部をひっくり返すのは戦争しかないと。

佐藤　そういう意見がいまネットにすごく出ているでしょ。さっきの話じゃないけど、世の中がこれだけ悪い方向に行っていれば、今度はよい方向に向かいはじめる。でも、そのためには知恵を出さないといけない。自分でも何かをしなければダメ。だから、ちょこっと見えるところで善いことをする。見えるところで自分のできる範囲で助け合う。

筆坂　少し現実的な話になるけど、政治だったら、やはり影響を与えなければいけない。具体的に言えば、政権交代です。若者はもっと政治を動かす力になるべきです。秋葉原の事件みたいに怒りの矛先を一般市民に向けるのではなく、政治に、財界に向けよ、と言いたい。かつて「秩父困民党」というのがありましたが、「ワープア党」でも、「貧困党」でもいいんです。新しい政党を若者がつくって、政治に立ち向かう。

佐藤　そもそも貧乏人と金持ちは利害関係が違うんです。それを民主党も自民党も全体の代表と言っているから、わけがわからなくなるんですよ。

――やはり貧乏党をつくらないといけないですね。

筆坂　そうだね。いまいろんな運動が起こっているでしょ。その中から代表を立てれば、当選すると思う。相当な力をもつと思うよ。ダイナミックに考えて、世間にアピールしていくことが大事。

——貧乏党が、21世紀蟹工船の甲板下の糞壷船室から、飛び出して来るんだ！

佐藤　そうしなくてはなりません。

蟹工船

小林多喜二

——冒頭より引用

「おい地獄さ行《え》ぐんだで！」

二人はデッキの手すりに寄りかかって、蝸牛《かたつむり》が背のびをしたように延びて、海を抱え込んでいる函館の街を見ていた。——漁夫は指元まで吸いつくした煙草《たばこ》を唾《つば》と一緒に捨てた。巻煙草はおどけたように、色々にひっくりかえって、高い船腹《サイド》をすれずれに落ちて行った。彼は身体《からだ》一杯酒臭かった。

赤い太鼓腹を巾広く浮かばしている汽船や、積荷最中らしく海の中から片袖《かたそで》をグイと引張られてでもいるように、思いッ切り片側に傾いているのや、黄色い、太い煙突、大きな鈴のようなヴイ、南京虫《ナンキンむし》のように船と船の間をせわしく縫っているランチ、寒々とざわめいている油煙やパン屑《くず》や腐った果物の浮いている何か特別な織物のような波……。風の工合で煙が波とすれずれになびいて、ムッとする石炭の匂《にお》いを送った。ウインチのガラガラという音が、時々波を伝って直接《じか》に響いてきた。

この蟹工船《かにこうせん》博光丸のすぐ手前に、ペンキの剝《は》げた帆船が、へさきの牛の鼻穴のようなところから、錨《いかり》の鎖を下していた。甲板を、マドロス・パイプをくわえた外人が二人同じところを何度も機械人形のように、行ったり来たりしているのが見えた。ロシアの船らしかった。たしかに日本の「蟹工船」に対する監視船だった。

「俺《おい》らもう一文も無《ね》え。——糞《くそ》。こら。」

そう云《い》って、身体をずらして寄こした。そしてもう一人の漁夫の手を握って、自分の腰のところへ持って行った。袢天《はんてん》の下のコールテンのズボンのポケットに押しあてた。何か小さい箱らしかった。

一人は黙って、その漁夫の顔をみた。

「ヒヒヒヒ……」と笑って、「花札《はな》よ。」と云った。

ボート・デッキで、「将軍」のような恰好《かっこう》をした船長が、ブラブラしながら煙草をのんでいる。はき出す煙が鼻先からすぐ急角度に折れて、ちぎれ飛んだ。底に木を打った草履をひきずッて、食物バケツをさげた船員が急がしく「おもて」の船室を出入した。——用意はすっかり出来て、もう出るにいいばかりになっていた。

雑夫《ざつふ》のいるハッチを上から覗《のぞ》きこむと、薄暗い船底の棚に、巣から顔だけピョコピョコ出す鳥のように、騒ぎ廻っているのが見えた。皆十四、五の少年ばかりだった。

「お前は何処《どこ》だ。」

「××町。」みんな同じだった。函館の貧民窟《ひんみんくつ》の子供ばかりだった。そういうのは、それだけで一かたまりをなしていた。

「あっちの棚は？」

「南部。」

「それは？」

「秋田。」

それ等は各々《おのおの》棚をちがえていた。

「秋田の何処だ。」

膿《うみ》のような鼻をたらした、眼のふちがあかべをしたようにただれているのが、

「北秋田だんし。」と云った。

「百姓か？」

「そんだし。」

空気がムンとして、何か果物でも腐ったすッぱい臭気がしていた。漬物を何十樽《たる》も蔵《しま》ってある室《へや》が、すぐ隣りだったので、「糞」のような臭《にお》いも交っていた。

「こんだ親父《おど》抱いて寝てやるど。」——漁夫がベラベラ笑った。

薄暗い隅の方で、袢天を着、股引《ももひき》をはいた、風呂敷《ろしき》を三角にかぶった女出面《でめん》らしい母親が、林檎《りんご》の皮をむいて、棚に腹ん這《ば》いになっている子供に食わしてやっていた。子供の食うのを見ながら、自分では剝《む》いだぐるぐるの輪になった皮を食っている。何かしゃべったり、子供のそばの小さい風《ふ》呂敷包みを何度も解いたり、直してやっていた。そういうのが七、八人もいた。誰も送って来てくれるもののいない内地から来た子供達は、時々そっちの方をぬすみ見るように、見ていた。

髪や身体がセメントの粉まみれになっている女が、キャラメルの箱から二粒位ずつ、その附近の子供達に分けてやりながら、

「うちの健吉と仲よく働いてやってけれよ、な。」と云っていた。木の根のように不恰好に大きいザラザラした手だった。

子供に鼻をかんでやっているのや、手拭《てぬぐい》で顔をふいてやっているのや、ボソボソ何か云っているのや、あった。

「お前さんどこの子供は、身体はええべものな。」母親同志だった。

「ん、まあ。」

「俺どこのア、とても弱いんだ。どうすべかッて思うんだども、何んしろ……。」

「それア何処でも、ね。」

——二人の漁夫がハッチから甲板へ顔を出すと、ホッとした。不機嫌に、急にだまり合ったまま雑夫の穴より、もっと船首の、梯形《ていけい》の自分達の「巣」に帰った。錨を上げたり、下したりする度に、コンクリート・ミキサの中に投げ込まれたように、皆は跳ね上り、ぶッつかり合わなければならなかった。

薄暗い中で、漁夫は豚のようにゴロゴロしていた。それに豚小屋そっくりの、胸がすぐゲエと来そうな臭いがしていた。

「臭せえ、臭せえ。」

「そよ、俺だちだもの。ええ加減、こったら腐りかけた臭いでもすべよ。」

赤い臼《うす》のような頭をした漁夫が、一升瓶そのままで、酒を端のかけた茶碗《ちゃわん》に注《つ》いで、鯣《するめ》をムシャムシャやりながら飲んでいた。その横に仰向けにひっくり返って、林檎を食いながら、表紙のボロボロした講談雑誌を見ているのがいた。

四人輪になって飲んでいたのに、まだ飲み足りなかった一人が割り込んで行った。

「……んだべよ。四ヵ月も海の上だ。もう、これんかやれねべと思って……。」

頑丈な身体をしたのが、そう云って、厚い下唇を時々癖のように嘗《な》めながら眼を細めた。

「んで、財布これさ。」

干柿《ほしがき》のようなべったりした薄い蟇口《がまぐち》を眼の高さに振ってみせた。

「あの白首《ごけ》、身体こったらに小せえくせに、とても上手《うめ》えがったどオ！」

「おい、止《よ》せ、止せ！」

「ええ、ええ、やれやれ。」

相手はへへへへへと笑った。

「見れ、ほら、感心なもんだ。ん？」酔った眼を丁度向い側の棚の下にすえて、顎《あご》で、「ん！」と一人が云った。

漁夫がその女房に金を渡しているところだった。

「見れ、見れ、なア！」

小さい箱の上に、皺《しわ》くちゃになった札や銀貨を並べて、二人でそれを数えていた。男は小さい手《て》帖《ちょう》に鉛筆をなめ、なめ何か書いていた。

「見れ。ん！」

「俺にだって嬶《かかあ》や子供はいるんだで。」白首《ごけ》のことを話した漁夫が急に怒ったように云った。

そこから少し離れた棚に、宿酔《ふつかよい》の青ぶくれにムクンだ顔をした、頭の前だけを長くした若い漁夫が、

「俺アもう今度こそア船さ来ねえッて思ってたんだけれどもな。」と大声で云っていた。「周旋屋に引っ張り廻されて、文無しになってよ。——又、長げえことくたばるめに合わされるんだ。」

こっちに背を見せている同じ処《ところ》から来ているらしい男が、それに何かヒソヒソ云っていた。

ハッチの降口に始め鎌足《かまあし》を見せて、ゴロゴロする大きな昔風の信玄袋を担《にな》った男が、梯子《はしご》を降りてきた。床に立ってキョロキョロ見廻していたが、空いているのを見付けると、棚に上って来た。

「今日は。」と云って、横の男に頭を下げた。顔が何かで染ったように、油じみて、黒かった。

「仲間さ入《え》れて貰《もれ》えます。」

後で分ったことだが、この男は、船へ来るすぐ前まで夕張《ゆうばり》炭鉱に七年も坑夫をしていた。それが此《こ》の前のガス爆発で、危く死に損ねてから——前に何度かあった事だが——フイと坑夫が恐ろしくなり、鉱山《やま》を下りてしまった。爆発のとき、彼は同じ坑内にトロッコを押して働いていた。トロッコに一杯石炭を積んで、他の人の受持場まで押して行った時だった。彼は百のマグネシウムを瞬間眼の前でたかれたと思った。それと、そして1／

５００秒もちがわず、自分の身体が紙ッ片《きれ》のように何処かへ飛び上ったと思った。何台というトロッコがガスの圧力で、眼の前を空のマッチ箱よりも軽くフッ飛んで行った。それッ切り分らなかった。どの位経《た》ったか、自分のうなった声で眼が開いた。監督や工夫が爆発が他へ及ばないように、坑道に壁を作っていた。彼はその時壁の後から、助ければ助けることの出来る炭坑夫の、一度聞いたら心に縫い込まれでもするように、決して忘れることの出来ない、救いを求める声を「ハッキリ」聞いた。――彼は急に立ち上ると、気が狂ったように、

「駄目だ、駄目だ！」と皆の中に飛びこんで、叫びだした。（彼は前の時は、自分でその壁を作ったことがあった。そのときは何んでもなかったのだったが。）

「馬鹿《ばか》野郎！　ここさ火でも移ってみろ、大損だ。」

　だが、だんだん声の低くなって行くのが分るではないか！　彼は何を思ったのか、手を振ったり、わめいたりして、無茶苦茶に坑道を走り出した。何度ものめったり、坑木に額を打ちつけた。全身ドロと血まみれになった。途中、トロッコの枕木につまずいて、巴《ともえ》投《な》げにでもされたように、レールの上にたたきつけられて、又気を失ってしまった。

　その事を聞いていた若い漁夫は、

「さあ、ここだってそう大して変らないが……。」

と云った。

　彼は坑夫独特な、まばゆいような、黄色ッぽく艶《つや》のない眼差《まなざし》を漁夫の上にじっと置いて、黙っていた。

　秋田、青森、岩手から来た「百姓の漁夫」のうちでは、大きく安坐《あぐら》をかいて、両手をはすがいに股《また》に差しこんでムシッとしているのや、膝《ひざ》を抱えこんで柱によりかかりながら、無心に皆が酒を飲んでいるのや、勝手にしゃべり合っているのに聞き入っているのがある。――朝暗いうちから畑に出て、それで食えないで、追払われてくる者達だった。長男一人を残して――それでもまだ食えなかった――女は工場の女工に、次男も三男も何処

かへ出て働かなければならない。鍋《なべ》で豆をえるように、余った人間はドシドシ土地からハネ飛ばされて、市に流れて出てきた。彼等はみんな「金を残して」内地《くに》に帰ることを考えている。然《しか》し働いてきて、一度陸を踏む、するとモチを踏みつけた小鳥のように、函館や小樽でバタバタやる。そうすれば、まるッきり簡単に「生れた時」とちっとも変らない赤裸になって、おっぽり出された。内《く》地《に》へ帰れなくなる。彼等は、身寄りのない雪の北海道で「越年《おつねん》」するために、自分の身体を手鼻位の値で「売らなければならない。」——彼等はそれを何度繰りかえしても、出来の悪い子供のように、次の年には又平気で（？）同じことをやってのけた。

　菓子折を背負った沖売の女や、薬屋、それに日用品を持った商人が入ってきた。真中の離島のように区切られている所に、それぞれの品物を広げた。皆は四方の棚の上下の寝床から身体を乗り出して、ひやかしたり、笑談を云った。

「お菓子《かし》めえか、ええ、ねっちゃよ？」

「あッ、もッちょこい！」沖売の女が頓狂《とんきょう》な声を出して、ハネ上った。「人の尻《しり》さ手ばやったりして、いけすかない、この男！」

　菓子で口をモグモグさせていた男が、皆の視線が自分に集ったことにテレて、ゲラゲラ笑った。

「この女子《あねこ》、可愛《めんこ》いな。」

　便所から、片側の壁に片手をつきながら、危い足取りで帰ってきた酔払いが、通りすがりに、赤黒くプクンとしている女の頬ぺたをつッついた。

「何んだね。」

「怒《おこ》んなよ。——この女子《あねこ》ば抱いて寝てやるべよ。」

　そう云って、女におどけた恰好をした。皆が笑った。

「おい饅頭《まんじゅう》、饅頭！」

　ずウと隅の方から誰か大声で叫んだ。

「ハアイ……」こんな処ではめずらしい女のよく通る澄んだ声で返事をした。「幾《なん》ぼですか？」

「幾《なん》ぼ？　二つもあったら不具だべよ。——お饅頭、お饅頭！」——急にワッと笑い声が起った。

「この前、竹田って男が、あの沖売の女ば無理矢理に誰もいねえどこさ引っ張り込んで行ったんだとよ。んだけ、面白いんでないか。何んぼ、どうやっても駄目だって云うんだ……」酔った若い男だった。「……猿又はいてるんだとよ。竹田がいきなりそれを力一杯にさき取ってしまったんだども、まだ下にはいてるッて云うんでねか。――三枚もはいてたとよ……。」男が頸《くび》を縮めて笑い出した。

その男は冬の間はゴム靴会社の職工だった。春になり仕事が無くなると、カムサツカへ出稼ぎに出た。どっちの仕事も「季節労働」なので、（北海道の仕事は殆《ほと》んどそれだった。）イザ夜業となると、ブッ続けに続けられた。「もう三年も生きれたら有難い。」と云っていた。粗製ゴムのような、死んだ色の膚《はだ》をしていた。

漁夫の仲間には、北海道の奥地の開墾地や、鉄道敷設《ふせつ》の土工部屋へ「蛸《たこ》」に売られたことのあるものや、各地を食いつめた「渡り者」や、酒だけ飲めば何もかもなく、ただそれでいいものなどがいた。青森辺の善良な村長さんに選ばれてきた「何も知らない」「木の根ッこのように」正直な百姓もその中に交っている。――そして、こういうてんでんばらばらのもの等を集めることが、雇うものにとって、この上なく都合のいいことだった。（函館の労働組合は蟹工船《かにこうせん》、カムサツカ行の漁夫のなかに組織者を入れることに死物狂いになっていた。青森、秋田の組合などとも連絡をとって。――それを何より恐れていた。

糊《のり》のついた真白い、上衣《うわぎ》の丈《たけ》の短かい服を着た給仕《ボーイ》が、「とも」のサロンに、ビール、果物、洋酒のコップを持って、忙しく往《ゆ》き来《き》していた。サロンには、「会社のオッかない人、船長、監督、それにカムサツカで警備の任に当る駆逐艦の御大《おんたい》、水上警察の署長さん、海員組合の折鞄《おりかばん》」がいた。

「畜生、ガブガブ飲むったら、ありゃしない。」

――給仕はふくれかえっていた。

漁夫の「穴」に、浜なすのような電気がついた。煙草《たばこ》の煙や人いきれで、空気が濁って、臭く、穴全体がそのまま「糞壺《くそつぼ》」だった。区切られた寝床にゴロゴロしている人間が、蛆虫《うじむし》のようにうごめいて見えた。――漁業監督を先頭に、船長、工場代表、雑夫長がハッチを下りて入って来た。船長は先のハネ上っている髭《ひげ》を気にして、始終ハンカチで上唇を撫《な》でつけた。通路には、林檎やバナナの皮、グジョグジョした高丈《たかじよう》、鞋《わらじ》、飯粒のこびりついている薄皮などが捨ててあった。流れの止った泥溝《どぶ》だった。監督はじろりそれを見ながら、無遠慮に唾をはいた。——どれも飲んで来たらしく、顔を赤くしていた。

「一寸《ちよつと》云《い》って置く。」監督が土方の棒頭《ぼうがしら》のように頑丈な身体《からだ》で、片足を寝床の仕切りの上にかけて、楊子《ようじ》で口をモグモグさせながら、時々歯にはさまったものを、トットッと飛ばして、口を切った。

「分ってるものもあるだろうが、云うまでもなくこの蟹工船の事業は、ただ単にだ、一会社の儲仕《もうけし》事《ごと》と見るべきではなくて、国際上の一大問題なのだ。我々が——我々日本帝国人民が偉いか、露助が偉いか。一騎打ちの戦いなんだ。それに若《も》し、若しもだ。そんな事は絶対にあるべき筈《はず》がないが、負けるようなことがあったら、睾丸《きんたま》をブラ下げた日本男児は腹でも切って、カムサツカの海の中にブチ落ちることだ。身体が小さくたって、野呂間《のろま》な露助に負けてたまるもんじゃない。

「それに、我カムサツカの漁業は蟹罐詰ばかりでなく、鮭《さけ》、鱒《ます》と共に、国際的に云ってだ、他の国とは比らべもならない優秀な地位を保って居《お》り、又日本国内の行き詰った人口問題、食料問題に対して、重大な使命を持っているのだ。こんな事をしゃべったって、お前等には分りもしないだろうが、ともかくだ、日本帝国の大きな使命のために、俺達は命を的に、北海の荒波をつッ切って行くのだということを知ってて貰わにゃならない。だからこそ、あっちへ行っても始終我帝国の軍艦が我々を守っていてくれることになっているのだ。……それを今流行《はや》りの露助の真似《まね》をして、飛んでもないことをケシかけるものがあるとしたら、それこそ、取りも直さず日本帝国を売るものだ。こんな事は無い筈だが、よッく覚えておいて貰うことにする……。」

監督は酔いざめのくさめを何度もした。

第五章

世界の見方が変わる
諜報的思考《インテリジェンス》の手ほどき

目ナナ

先生：

佐藤優

×

洋一郎

生徒：

夏

［特別授業］

――――「変わりゆく世界、変わらない世界」

諜報《インテリジェンス》的定点分析2008－2009

特別講師：

河合

夏目ナナ

個性派アイドルとして、テレビ、ラジオ、ゲームソフト、DVDなどで幅広く活躍。祥伝社 ZIPPER Mobileで「Hのお悩み相談室」をレギュラー連載。

特別講師・河合洋一郎

1960年生まれ。1977年交換留学生として渡米。アイダホ州ボイズィ州立大学卒業。1992年に帰国後、国際ジャーナリストに。欧米、中東、アフリカに独自の取材源を持ち、その分析力は各国の情報機関から高く評価されている。

夏目　「エロは世界を救う！」がモットーの夏目《なつめ》ナナです。この度、佐藤優さんに弟子入りして世界のことと政治のことについて学ぶことになりました。師匠、河合《かわい》さん、よろしくお願いしま〜す。

河合　お師匠さんが佐藤優とはまた贅沢な（笑）。

佐藤　彼女は見所があるんだよ。

――ナナちゃんは自称変態だよね？

夏目　はい！

佐藤　じゃあ、最初のレッスン。変態の語源を述べよ。

夏目　……わからへん。

佐藤　卵から青虫になって、さなぎになって蝶になる。この変化が変態なの。形は変化するけど、本質は同じということ。で、この変態という言葉を最初に世の中に普及させたのは、マルクスという人。

夏目　共産主義のマルクス？

佐藤　そう。マルクスが書いた『資本論』は、変態の研究なんだよ。彼がどういうことを言っているかというと、たとえば田舎にふたつの村があり、そのひとつでは魚がたくさん捕れて、もうひとつでは野菜をいっぱい作っている。でも魚や野菜がいくらあっても、村人が食べきれないものは腐って無駄になっちゃう。だから、それをもち寄って交換するようになる。こうして商品というものが生まれる。

これがだんだんと物々交換からおカネを経由する交換に変化していく。そうすると今度は、おカネを儲けるためのお金の使い方が発明される。これを資本という。

夏目 難しいなぁ。

佐藤 いや、簡単なことだよ。例えばさ、ボールペンが1本あるでしょ。これを自分で使ったら、単に消費するモノなの。でもナナちゃんがボールペンを1本80円で100本買ってきて、それを1本100円で売りさばくとしたら、そのボールペンはナナちゃんにとっては、紙に文字を書く道具ではなく、おカネを増やすためのモノになる。これが資本としてのお金の使い方。

夏目 わかるわかる。

佐藤 で、この資本は変態する。ある時はボールペン、ある時は貨幣、またある時は預金通帳に記入されている数字といった具合にね。でも姿を変えてもその本質は変わらない。こういう変化を変態と言うわけ。

だから、変態はどういう人かというと?

夏目 どんなに変態なことしてても、中身は変わらへん。

佐藤 そういうこと。表面上はいろいろ変わっても中身は同じ。普段は真面目な人が変態な性行為が大好きでも、その人間の本質はひとつということだね。

夏目 勉強になるわー。じゃあ、師匠、次は世界がこれからどうなっていくのかをお願いします。

佐藤 了解。国際情勢と国内情勢あわせて、僕は2008年のキーワードは「貧困」になると思う。もはや格差じゃなくて貧困。国際的に見ても、いまドルと円のふたり負け状態なの。ユーロと比較して見た場合に過去7~8年でわれわれの収入って半分になっているんだよね。いまや日本人の平均所得をユーロ・ベースで見たらスペインと同じレベル。

しかも去年の国税庁の統計で200万円以下の給与所得者が1000万人を超えた。その中には家族のいる人もいるだろうから、実際には2000万人くらいがそういう状況にいることになる。これは国際基準で見ても極貧。これでは結婚することもできない。結婚したとして子どもは無理。彼らがなんとか暮らしていけているのは親に寄生しているからなんです。

夏目　じゃあ、親の世代がいなくなれば終わりやね。

佐藤　終わる。そうなると日本は大変なことになる。

国際情勢のことを言えば、僕は緊張を自覚してもらうためにあえて言っているんだけど、いま世界は第三次世界大戦を強く意識しながら動いている。ところが我が日本は、そのあたりの緊張感が全然ないんだよね。

河合　この間テレビで民主党の議員さんが、日本はアフガニスタンのカルザイ政権とタリバンの仲介役をやるべきだ、ってしきりに言ってたんですよ。ヨーロッパにもアメリカにも無理だけど、アフガニスタン人と確執のない日本人ならできる、みたいな。

佐藤　その人、頭大丈夫なのかな。

河合　大丈夫じゃないよ（笑）。こういう話を聞くと、もう緊張感があるとかないとかいう以前の問題のような気がする。第三次世界大戦の勃発の可能性というのは、やはり中東の混乱が火種となるということかな。

佐藤　うん。シリアとかイランとかパキスタンとか、さらにそれに付随する北朝鮮の情勢なんかも、下手したら第三次世界大戦の引き金となり得る。もうひとつはイスラエル。

あの周辺で紛争が起きれば、ヨーロッパでテロが起きる可能性が高い。テロの目的は、イスラエルとの通商関係を断絶させることです。イスラエルと貿易をやめなければ、テロを継続する、と。そういう形でテロが起きたら、ヨーロッパ諸国はイスラエルとの関係を維持し続けられないと思う。イスラエルなんていうのは、たかだか人口700万人の国だからね。商売相手としては全然、重要じゃない。

でもヨーロッパ諸国がイスラエルを切ろうとすれば、アメリカが黙っちゃいない。相当、強引な形で介入してくる。そうなると状況はかなり面倒くさくなる。

河合　イスラエルに対してアルカイダが本格的に攻撃しはじめるつもりみたいだしね。2007年の12月29日にビン・ラディンの声明が出たけど、そこで彼は「イスラエルとの戦いは、これからはアルカイダがやる。ハマスやヒズボラではもうダメだ」みたいなことを言っている。

佐藤　ビン・ラディン自身がイスラエルについて語ったのは今回が初めてだよね。

河合　そう。それからこの声明でもうひとつ重要なポイントは、米軍のイラク撤退後の話をしていることです。もうアメリカに勝利したつもりでいる。すでにイラクをアルカイダの拠点とすることに成功した、これから次の戦いが始まる、と。で、次の戦いの主要なターゲットはどこかと言えば、サウジアラビア。ここでビン・ラディンは、米軍のイラク撤退後にアフガニスタンの過ちを繰り返すな、と言っている。どういうことかというと、１９８０年代終わりにソ連軍がアフガンから撤退した後、ムジャヒディンの指導者たちがサウジから大金をもらって統一政府に参加することを承諾してしまった。

佐藤　ええ。

河合　あれがすべての間違いだったというわけ。だから、イラクでは絶対にサウジの金に惑わされるな、と。ビン・ラディンがこういう余裕の発言をしているところを見ると、対テロ戦争はまだまだ続きそうだね。アルカイダはこの数年、レバノン、パレスチナ、北アフリカなどでかなり勢力を伸ばしてきているし。

佐藤　うん。アルカイダ的な勢力は、日本では非常に軽視されてるんだけれども、僕はもっと深刻に見たほうがいいと思うんだよな。

夏目　ちょっとすんまへ〜ん。アルカイダとかビン・ラディンとか、よう聞くけど、イマイチよくわからへんけど、どんなオッサンなん？

佐藤　じゃあ、簡単に解説しておこうか。アルカイダとかビン・ラディンとかいうオッサンがどうして出てくるのか。

まずイスラーム教というのは、2つに分かれるのね。シーア派とスンニ派。シーア派っていうのは少数派でスンニ派は多数派。ビン・ラディンはスンニ派ね。で、このスンニ派には4つの学派がある。ハナフィー学派、シャーフィイー学派、マーリク学派、それとハンバル学派。最初の3つは忘れていい。問題は最後に出てくるハンバル学派。この学派はムハンマドが生きていた頃の社会が一番よかったと考える。だから、いまの世の中も当時の理想的な社会に戻らねばならない、と主張している。この学派を採用している国が、ビン・ラディンの生まれ故郷であるサウジアラビアなんだよ。

夏目 ふ〜ん、そうなんや。

佐藤 サウジアラビアっていうのは「サウード家のアラビア」っていう意味。サウード家っていうのは王様一族のこと。つまり、どこまでが国家の予算なのか、サウード家の予算なのか区別がつかない公私混同国家なわけ。

夏目 夏目家の大阪、みたいな感じやな。

佐藤 そう。ところが問題はね、ムハンマドの時代に回帰せよ、と主張する宗派を採用しているくせに、サウジの王侯貴族はムハンマドの頃とはかけ離れた生活をしているんだよ。例えばコーランには、酒を飲んではいけない、と書いてあるんだけど、サウジの王様たちはいつもお酒飲んでる。どうしてだと聞くと、「コーランにはブドウで造った酒を飲んだらいけないと書いてある。でもウイスキーはブドウからできてないから飲んでもかまわない」とか屁理屈を言うわけ。

それから買春。これやったら石打ちの刑になる。石打ちってどういうことか知ってる？

夏目 う〜ん、ごっつい、おっきい石を持ってきて上から落として潰しちゃう？

佐藤 それじゃあ、一発で死んじゃうよ。そんな楽には殺してくれない。卵よりちょっと大きいくらいの石を山盛りにして、みんなで投げる。女性だったら地面に埋めて、石を投げてボロボロにして殺しちゃう。

夏目 えー！ じゃあ、買春も売春も絶対できへん。

佐藤 ところが、サウジの王侯貴族はロンドンとかの売春宿にしょっちゅう行っている。そういうところはサウジの人でいっぱい。なんで石打ちの刑にならないのかっていうと、イスラーム教では4人まで奥さんをもてるのは知ってるね？

夏目 ……うん、なんとなく。

佐藤 サウジのお金持ちは3人までと結婚して、最後のひとりは残しておく。でね、イスラーム教には時間結婚という考え方があるんだよ。最初に結婚する期間を決めて、離婚する時の慰謝料も決めておく。だから、2時間結婚して離婚の慰謝料は3万円、みたいなこともできる。結婚した相手とはセックスしても構わないでしょ。だから、実質的には買春でも女を買ってることにはならない。つまり、ロンドンで彼らが行くのは売春宿じゃなくて結婚斡旋所《あっせんじょ》なわけ。

夏目 へ〜、うまいこと考えたなぁ（笑）。でも、やっぱなんか変。買春は石打ちの刑なのに。

佐藤 でしょ。そういうことはおかしいと言ってるのがビン・ラディンなんです。いまのサウジは腐りきってる、と。だからサウジアラビアでは、ビン・ラディンのファンがものすごく多い。貧乏な人たちにお金もたくさんあげてるし。

夏目 えー、じゃあビン・ラディンさんってすごいいい人なんや。

佐藤 うん、ビン・ラディンをいい人だと思っている人たちは多い。どうしてかと言うと、いま世界で儲かっている人は少ししかいないわけ。特にアフリカとか、中東のほうに行くと、ものすごく貧乏な人たちがたくさんいる。そういう人たちは、彼女も見つからないし、セックスもできないし、家族も作れない。一生童貞のまま終わっちゃう。だから彼らは、こんな世の中ぶっ壊れればいい、と思っている。

夏目　童貞パワーをビン・ラディンさんが結集してるってことやね。

でもな、私な、一般人の考え方言ってもいいですか？　ビン・ラディンさんって9・11テロをやった人って言われるやんか。でもウワサによるとあれ、実はブッシュが仕組んだ罠だって言いますやん。ブッシュはお父さんの代からビン・ラディンと手を組んでるって。それとか世界貿易センタービルのえらい人たちはみんな、テロが起きるのわかってたから、そこにいなかったとか……。

河合　世界貿易センタービルで働いていたユダヤ人のビジネスマンが、全員あの日は出勤しなかったとかね、なんかいろいろ言われてるよな（笑）。

佐藤　それは都市伝説の類《たぐい》だよ。

河合　うん。例えばさ、映画の『華氏911』なんかで、そういう陰謀説を裏付ける状況証拠として、ビン・ラディンの一族とブッシュ一家が非常に親密な関係にあったことが強調されてたけど、あれはブッシュに限ったことじゃないんだよ。

佐藤　そうそう。ビン・ラディン建設っていうのは、サウジアラビア最大の企業のひとつなんだよ。創業者のビン・ラディンの親父さんはすごい大立て者で、ハーバード大学にもビン・ラディン基金っていうのがある。だからビン・ラディン一族とアメリカの要人は仲がいいわけ。それ自体は全然、不思議なことじゃない。

河合　サウジアラビアからは共和党だけじゃなく民主党の政治家にも、もう1970年代からばんばん金が流れてた。陰謀説っていうのは、複雑な状況をストレートに説明してくれるから非常に魅力的だし、実際に国際政治では陰謀のようなことが行われることもあるけど、やっぱり9・11事件ほどのでかいスケールの陰謀となるとちょっとね。

佐藤　うん、根拠がない。ひとつ確かなのは、ビン・ラディンさんとブッシュさんの考え方は非常に似通っているということだね。ふたりとも悪魔が本当にいると思っているし、正義が世界を支配しなきゃいけないと思ってる。似た者同士だからこそ、お互いにあれだけ本気で怒るわけさ。

夏目　でもなー、なんでそうやって、正義は勝つとか悪魔がいるとか、神サマを信じてるような人が、ああいう無差別殺人的なことをしなあかんのかなって。神サマ信じてたらそれでいいのに。

佐藤　それはね、こういうことなの。ビン・ラディンみたいな人たちは、自分だけじゃなくて世の中のみんなを救ってあげたいと思ってるわけ。で、いま悪いことをしてる人がいるでしょ。そういう人が悪いことをこれ以上続けちゃうと、魂がどんどん汚れてきちゃうから、このあたりで殺しておいてあげたほうがいい。そうすれば魂はこれ以上汚れないから、この世の中の終わりになった時に助けてあげられる。彼らはそういうふうに考えるんだよ。

夏目　でも、それは神サマが決めることやろ。お前が決めることちゃうねんけどって言うな。

佐藤　そう。人間と神様を混同したらいけないってことは、すごく重要なことなんだけど、神様を信じてる人は混同したがる傾向にある。

河合　コーランには、異教徒なんかブチ殺しちまえ、なんてことがいっぱい書いてあるからね。

夏目　それがわからへんねん。だってな、自分の宗教以外の人だって……。

佐藤　ナナちゃん、家にアブラムシが出てきたらどうする？

夏目　アブラムシ出てきたら？　お水で流す（笑）。

佐藤　お水で流すでしょ？　異教徒はアブラムシに見えるわけ。人間に見えないんだよ。

夏目　あはははは！　変わってんなぁ。なんでやろな。そこがよくわからへん。

ロシア大統領選挙

夏目　師匠は外務省で働いてたとき、ロシアに長いこと、行きはってたんですよね。あそこでも、もうすぐ大統領選挙、あるんやろ。プーチンさんやったっけ？

佐藤　プーチンはいまの大統領。でも２００８年の大統領選には出ない。

夏目　じゃあ、次は誰がなるん？

佐藤　その前にちょっとプーチンについて説明しておこう。この人はロシア国民の間で、ものすごく人気のある大統領なんだけど、ロシアでは大統領は続けて2期しかできないから、今回の大統領選には出馬できない。でも、一回休めば出ることができる。だから、プーチンは次の２０１２年の大統領選に出馬するつもりでいたんだけど、最近その計画をちょっと修正している。

夏目　どんなふうに？

佐藤　まず第一にプーチンという人は、ロシアの国家体制の強化を真剣に考えているのね。２００７年4月の大統領の年次教書演説でも、ロシアの国家イデオロギーを構築したい、といった内容のことを言っている。彼はそれを２０１２年の大統領選まで、中国の鄧小平《とうしょうへい》みたいに役職に就かないで、「国民の父」みたいな形でやろうと思っていたけど、それは無理だと判断した。だから、今度の大統領選でプーチンが後継者に選んだ第一副首相のメドベージェフに、自分を次期政権の首相に任命させようとしている。

夏目 大統領には、その……メドちゃんが当選するんや？

佐藤 うん、ほぼ決まり。

夏目 ふ～ん。ロシアでは大統領と首相とではどっちが偉いの？

佐藤 大統領。

夏目 じゃあ、プーチンさんは、メドちゃんの下になるわけやね。でもメドちゃんを後ろから操ろうとしているんやろ？

佐藤 最初は後見人みたいになるだろうね。でも、メドベージェフがよほどのダメ人間でない限り、3年目くらいからは立場が逆転してくると思う。そうすると、ふたりは仲良くしようと思っても、周辺の人間たちがプーチン派とメドベージェフ派に分かれて、抗争が起きる。それをうまく乗り切れるかどうかだな。

プーチンが優れている点は、自分の役割は何かがよくわかっていること。いまのロシアは3つのエリートから構成されていてね。ひとつはソ連体制時代のエリートで、この連中はもちろん使い物にならない。次は過渡期のエリート。ソ連時代に教育と仕事の基礎を叩き込まれて、40代の頃にソ連崩壊に遭遇した連中のこと。だから、このグループは、完全には新しい時代に適応できていない。旧KGB出身者のシロビキ（武闘派）なんていうグループはここに入る。そして、もうひとつが経済がわかる新世代のエリートたち。

プーチンは、旧世代から新しい世代へとバトンを渡すことが自分の役目と考えている。具体的に言えば、新しい時代のことがわかっている若い連中が、自由に仕事のできる環境を整えることなんだけど、まだこの仕事は終わっていない。だから、メドベージェフ・プーチン王朝みたいなものを作ろうとしているわけ。

河合　シロビキとメドベージェフみたいな新世代の経済官僚たちの関係は、いまどうなってるの？

佐藤　まずシロビキのことを言えばさ、旧KGB出身者で構成されているガッチリした勢力みたいに思われてるけど、そんな大層なものじゃなくて、大学の体育会のOB会みたいなもんなんだよ。お互いに何か仕事で手伝えるようなことがあったら、昔のよしみで協力し合いましょう、程度の話。だからメドベージェフたちと比べると、国家観とか資質の点で大きく劣る。今回の大統領選をめぐって、シロビキ内部がガタガタになっているのが露呈しているしね。メドベージェフたちの勢いが、今後、急速に伸びてくるはずだよ。

夏目　プーチンさんはどんな国にしたいんやろ？

河合　そんな時は、どんな国家イデオロギーを作りたいのか、聞くといいよ。

夏目　そーなんや、そのイデオロギーはどんなんやろな、師匠？

佐藤　それはね、簡単に言えばファシズム。でもこの言葉は使わない。ユーラシア主義とでも言っていいかな。どういうことかと言えば、まず「ロシア人」とは昔からいる民族ではない、というところから始まる。そうではなく、われわれがこれから努力してなっていく民族である、と。その「ロシア人」とは何かと言えば、宗教にも文化にも依存しない知性の人。それから、ヨーロッパとアジアの両方にまたがって居住しているロシア人は、独自の法則と論理をもつ。そういう発想。そうじゃないと、国が割れてしまう。

河合　旧ソ連時代のように、アメリカと並び立つ国際的地位を取り戻すことは考えてないのかな？

佐藤　それは全然考えてない。そこのところがいまのロシアとソ連の本質的な違いだね。

彼らはヨーロッパと手を結ぶことで地域帝国としての道を選択している。感じとしては、戦前の大東亜共栄圏のような発想に近い。ヨーロッパが一種の欧州共栄圏の発想を持っているのと同じ。われわれもそうだったけど、こういう発想では「共栄圏」の外側に出て行こうとはしないもんだよ。そのうちロシア人は、ユーロと通貨バスケットを組むって言い出すかもしれないな。

解説

野蛮人のインテリジェンス

小峯隆生

この本を作る切っ掛けとなった、佐藤さんとの会食は、実は、別件で、あることを聞きに行ったのだ。連載や、本の執筆を頼みに行ったのではなかった。

「講談社の雑誌で、編集やることになったんですよ。それで、聞きたい件は……」

と自分が切り出す前に、佐藤さんが、

「その雑誌で、何か、連載をやりましょうか？」

「えっ？」

と俺は思わず聞き返してしまった。

既に、数十の連載を抱えて、メチャ忙しい佐藤さんに連載を頼むことは、俺は、控えていたのだ。だが、連載して頂ければ、雑誌の大きな戦力となる。

「どんな連載がいいですか？」

と佐藤さん。

「考えます」

と俺は逃げの一言を発した。何も考えてないのだからしょうがなかった。

そして、昼食を食べ始めた。

「小峯さん、ここはね」

とその名前を明かせないあるレストランの構造の話から始まった。

「このテーブルの位置は、周囲から少し離れている。ここでの会話を聞こうとする人間がいれば、直ぐに分かる位置なんですよ」

「あっ、本当だ」

俺は周囲を見渡して、言った。

そこは、佐藤さんが実際に、インテリジェンスの活動に使っていた生の舞台なのだ。

協力者を得るため、どのような食事を取るか、佐藤さんは話し始めた。

高校時代から世界情勢を勉強するために、『ゴルゴ13』を愛読していた俺には、もう、生のスパイの世界である。

ゴルゴ13が世界の諜報組織と食事をしているのも、確かにこんなレストランだ。

「相手がどう思おうと、まず、フルコースを取る。これは、相手に自分がいかに大事にしているかを伝えるメッセージになる」

と佐藤さん。

俺は思わず、フルコースを頼んでしまった。

「ワインは、ワインリストに載っていないのを頼む」

「えっ、あっ」

と俺が戸惑っているうちに、佐藤さんは、そのコースの料理に合う、ワインリストにないワインを給仕に頼んでいた。

「これも相手に特別に大事にしてますよというサイン」

「昼から飲んじゃって、いいんですかね？」

「ロシアでは普通です」

「そーなんだー」

元々、だらしない性格で楽な方に流れる傾向にある俺は、酒を昼間から飲み始めたのである。

「どうやって、協力者の相手を口説いていくのですか？」

俺の問いに、佐藤さんはインテリジェンスの手法を喋《しゃべ》り始めた。

滅茶苦茶、面白かった。ワインもガンガン飲んで、ランチは終わった。


それから、数日、佐藤さんの連載をどーするか、俺は悩み続けた。

だが、どうしても、あの日のランチの凄さと楽しさを超えなかった。

（あのテクニックは、十二分に、ビジネスと女相手のデートに使えんじゃん）

とボーッと思っていた。

（じゃー、それを連載にすればいいじゃん）

と単純に閃いた。

そーかー、簡単だー。

佐藤さんに電話した。

「佐藤さん、あの日のランチの内容をそのまま、連載にしませんか？」

「いいですよ」

それで、始まったのが『野蛮人のテーブルマナー』だった。

タイトルを決めたのは、当時の編集長の原田《はらだ》氏。

直ぐに、佐藤さんに伝えると、

「それは、面白いです。野蛮人はロシア語で、ラズベーチク、穴を掘る人。諜報業界の俗称なんですよ」

連載タイトルは見事に書き手のハートを貫いたのだ。

連載原稿は、超極上の面白さに仕上がった。

毎回毎回、内容の濃い、成程!!　と膝を叩くようなテクニックが書かれていた。

佐藤優氏を見つけたのは、某週刊誌編集部での深夜の出来事だった。

その当時、俺は、その雑誌の軍事班に所属して、毎週、軍事特集をでっち上げていた。

一方、国際ジャーナリスト河合洋一郎《よういちろう》氏の連載も手伝っていた。

20年前、アメリカで高校時代から10年以上ひとりで好き勝手に暮らしていた河合氏を日本に呼び戻したのは、俺だ。

その原稿ができるまでの待ち時間、編集部中の棄ててある雑誌と新聞を読み漁るのが、俺の仕事だった。

情報乞食である。

ある雑誌を拾って、佐藤さんの連載を、なんとなく読んだ。

頭が爆発した。

俺は、この佐藤さんと同じ考え方を持っている男を一人知っていた。

河合氏だ。

河合氏は、米国の情報関係者、さらには、イラク戦争を起こしたことで悪名高いネオコンと呼ばれる方々とも友人付き合いしていたほどワシントンに食い込んでいる男だ。即ち、米国のプロ。旧西側のエキスパート。

一方、佐藤さんは、ソ連崩壊からロシアのプロ。ならば、この二人が対談すれば、世界情勢は一発で分かるはず。

俺は、社員編集者のH氏にその雑誌を直ぐに持っていった。

「この二人!!　対談させると面白いですぜ!!」

暫くして、対談が実現した。

新宿のホテルのスイートが対談現場だ。

佐藤さんが担当者と部屋に入ってきた。

佐藤さんは、俺のことを知っていた。

俺は、80～90年代にかけて、一時、テレビ芸能人をやっていた。

その頃を覚えていらっしゃったのだ。

だが、河合氏と対談して、二人の方が意気投合した。

その対談はその週刊誌の名物企画となった。


講談社の新しい雑誌で、佐藤さんの連載が始まった。

ただ、原稿を待つ編集方法は取らなかった。2、3ヵ月に一回、ホテルに集合すると、真ん中でICレコーダーを回して、雑談した。

俺は、待機している部屋に、佐藤さんが、楽しそうな笑みを浮かべて入ってくる光景が楽しみだった。

本当に、俺との雑談を楽しみにしていたのだ。

「そりゃ、いま佐藤さんが会っている相手で、最も肩の凝らない相手だろう」とは河合氏の言葉だ。

雑談は、国際情勢から、歌舞伎町情勢まで多岐にわたった。

その中で、話題を取捨選択して、インフォメーションを雑誌用インテリジェンスに変えていくのだ。

「これで、一回できますね」

と佐藤さん。

「できます」

と俺。

これを積み上げていく。

そして、その速記録を必要なところだけを、佐藤さんに送り、連載は続いた。


お世話になったのは、連載だけではない。

この本にも掲載されている各対談でも、大変、お世話になった。

様々な外交の会議に参加した佐藤さんの、対談を仕切る話術は凄い。

圧巻は、あの4人の対談だろう。

右から、外務省の佐藤さん、衆議院議員で新党大地代表の鈴木宗男先生（元内閣官房副長官）、元東京地検特捜部検事で元弁護士の田中森一先生、元共産党ナンバー4、元参議院議員の筆坂秀世先生が、俺の横に座っていた。

よーするに、『国家　日本』が、俺の視野に収まっていたのだった。

佐藤さんは、その対談を見事に切り回した。

複数相手の外交交渉はこうするんだと、俺は、納得した。

佐藤さんから学ぶことは多い。

中でも、両目の瞬きが少なくなり、呼吸が長いリズムになった瞬間、ビデオカメラで記録したように、その場のすべてのことを記憶しているのだ。

インテリジェンス・オフィサーの証だ。

そこのすべての事象を見逃さない記憶術は、何度か拝見させてもらっている。

ノート、本の片隅に、何らかの記号のようなものを書き込む。それを見ると、その日に起こった出来事についてすべて脳内再生が可能だということだ。

早速、真似した。

俺には、無理だった。断片的にしか覚えていなかった。それから、きちんと、メモを取るようにする従来の方法に戻した。

この本の中には、様々なビジネスに転用できるインテリジェンス・テクが含まれている。

そして、相手を惹きつける話題のネタも満載していることを、担当編集者として、書いておきます。

では、もう一度、読み直してください。

異なる発見があるはずです。

あとがき

〈ラズベーチク・レストラン〉の感想はいかがですか？　本書を読まれた方にはいくつかの発見があったと思います。

ふり返ってみれば、私が作家として独り立ちすることができたのも、インテリジェンスの技法のおかげです。その技法は、私が本や学校で学び取った部分よりも、実際の人間関係で学んだ部分が大きいです。

第二章『「諜報的」に生きるススメ』の座談に鈴木宗男氏、田中森一氏、筆坂秀世氏、対談に村上正邦氏が参加してくださいましたが、いずれもひと癖もふた癖もある「その道」の第一人者です。現在のように、過去の処方箋では日本の社会と国家がかかえている病気が治りそうもないときに、こういう人たちの知恵（インテリジェンス）から学ぶことはたくさんあります。もっとも筆坂氏を除く全員（私を含む）は検察庁によって逮捕された「犯罪者」なので、私たちのやり方をそのまま真似ると、読者もかなりの確率で逮捕されます。私たちを反面教師として学んでほしいのです。

第三章『男のテーブルは、すなわち諜報戦である』では、私が尊敬するアントニオ猪木先生をお招きしました。そして、私が現役外交官時代にモスクワで猪木先生とタッグを組んでクレムリンに乗りこんだときの技法を披露しました。「偶然」の出会いをどうやって活用するかがインテリジェンスの要諦であることを読者に伝えたいと考えました。

第四章『歴史の見方が変わる諜報的読書術』では、2008年、突然、リバイバル・ベストセラーになった小林多喜二『蟹工船』について、元日本共産党No．4の筆坂秀世氏と徹底的に討論しました。『蟹工船』がベストセラーになるような時代は、よくないと私は考えます。日本は豊かな国です。資本主義社会ですから、格差はあって当然です。問題は、絶対的貧困を根絶することです。そうでないと日本の社会が崩れ、国家が弱くなってしまうからです。インテリジェンスを体得した経営者が、日本の資本主義体制を維持するために貧困問題に取り組むことを期待しています。

第五章は、私と国際ジャーナリストの河合洋一郎氏の二人で、夏目ナナさんをゲストにお迎えして、難しいことについて、レベルを落とさずにやさしく説明する実験をしました。夏目さんが聞き上手に徹してくれたので、面白い読み物になったと思います。

ここに名前をあげたすべての皆さんの御協力と御厚情なくして、本書は出ませんでした。感謝申し上げます。
末筆になりますが、本書の刊行にあたっては元『ＫＩＮＧ』編集部の原田隆編集長、岩田俊氏、小峯隆生氏のお世話になりました。どうもありがとうございます。

２００８年12月22日　佐藤優

（編集部註）
本書の各章の初出は以下の通りです。
第一章　野蛮人のテーブルマナー　「ＫＩＮＧ」２００７年10月号〜２００８年10月号
第二章　サバイバルのプロ・一期一会　「ＫＩＮＧ」２００８年５月号
　新しい日本をつくる意思　「ＫＩＮＧ」２００８年７月号
第三章　男のテーブルは、すなわち諜報戦である　「ＫＩＮＧ」２００８年８月号
第四章　「盤工船」化する近代日本を読み解く　「ＫＩＮＧ」２００８年９月号
第五章　「変わりゆく世界、変わらない世界」「Ｘ－ＫＩＮＧ」（ウェブサイト）２００８年３月

野蛮人《やばんじん》のテーブルマナー
「諜報的生活《インテリジェンスせいかつ》」の技術《ぎじゅつ》

２００９年１月28日　第１刷発行

著　者　佐藤《さとう》　優《まさる》

発行者　中沢義彦
発行所　株式会社　講談社
〒一一二―八〇〇一　東京都文京区音羽二―一二―二一
編集部　〇三―五三九五―三五二八
販売部　〇三―五三九五―三六二二
業務部　〇三―五三九五―三六一五

装　丁　榎本太郎（NANABAI）
写　真　江森康之
印刷所　凸版印刷株式会社
製本所　株式会社国宝社

落丁本・乱丁本は購入書店名を明記のうえ、小社業務部あてにお送りください。
送料小社負担にてお取り替えいたします。
なお、この本についてのお問い合わせは生活文化局Ｂあてにお願いいたします。
定価はカバーに表示してあります。

ISBN 978-4-06-215224-2